U0337078

关于本系列

“麦克米伦轻松小学霸”系列丛书由专业从事儿童教辅图书出版的麦克米伦公司出品。它在美国众多知名教育学家和教师的指导下研发编写而成，适合4—8岁儿童分级阅读。每个孩子都要从ABC和123学起，关键在于如何让他们从中发现乐趣，并具备终身学习的能力。

本系列分为数学、英语、科学三个学科，共包含36个分册，每册包括5个贴近儿童生活的主题。小读者可以在6个小学霸的带领下畅游轻松小镇，并在游戏中培养兴趣、汲取知识、解决问题。

本册《数学 ⑦》简体中文版由北京市海淀区数学学科带头人孟丹老师审订推荐。

麦克米伦轻松小学霸

数学

SHUXUE

[美] 贾斯汀 · 克拉斯纳　著
[美] 乍得 · 托马斯　绘
陈芳芳　译

接力出版社
Publishing House

桂图登字：20-2020-040

TINKERACTIVE WORKBOOKS：IST GRADE MATH by Justin Krasner，illustrations by Chad Thomas

Published with arrangement by Odd Dot, an imprint of Macmillan Publishing Group, LLC.

图书在版编目（CIP）数据

数学 .7 /（美）贾斯汀 · 克拉斯纳著；（美）乍得 · 托马斯绘；陈芳芳译 . — 南宁：接力出版社，2022.9
（麦克米伦轻松小学霸）
书名原文：TinkerActive Math 1 Grade
ISBN 978-7-5448-7528-8

Ⅰ.①数… Ⅱ.①贾…②乍…③陈… Ⅲ.①数学—儿童读物 Ⅳ.① O1-49

中国版本图书馆 CIP 数据核字（2021）第 281530 号

责任编辑：王琪瑮　　装帧设计：王　悦
责任校对：张琦锋　　责任监印：刘　冬
社长：黄　俭　　总编辑：白　冰
出版发行：接力出版社　　社址：广西南宁市园湖南路 9 号　　邮编：530022
电话：010－65546561（发行部）　　传真：010－65545210（发行部）
http://www.jielibj.com　　E－mail:jieli@jielibook.com
经销：新华书店　　印制：北京顶佳世纪印刷有限公司
开本：889 毫米 × 1194 毫米　1/16　　印张：3　　字数：90 千字
版次：2022 年 9 月第 1 版　　印次：2022 年 9 月第 1 次印刷
总定价：54.00 元（包含《数学⑦》《数学⑧》《数学⑨》三册）

目 录

Contents

1 数到120

沿数字小路走到轻松小镇的另一边，每读完一个数字就拍一下膝盖或拍一次手。
1
2
3
4
5
6
7
8
9
10
11
39
40
41
42
43
44
45
46
47
48
49
50
51
52
53
54
55
56
57
58
59
60
61
62
63
64
80
81
82
83
84
85
86
87
88
89
90
91
92
93
94
95
96
97
98
99
100
101
102
103
104
105
106
107
108

写出你最喜欢的数字，并从这个数字开始数到120。

你还可以从120往回数一遍。再从1数到120，每当数到尾数为0的数字时就拍两次手。

数出图中窗户的数量，并写出数字。

按规律填出表中缺失的数字。

1	2	3	4		6	7	8	9	10
			14			17		19	20
21	22			25	26		28		
		33			36		38		40
41			44			47		49	
	52				56		58	59	60
		63	64		66	67			
				75		77	78	79	
		83		85	86		88		90
91		93	94	95					100
101	102			105	106	107		109	
111	112						118		

按下面的提示画出公园里的事物。

- □ 6条长凳
- □ 14枝花
- □ 10棵树
- □ 1个喷泉
- □ 25丛灌木

从50开始，把下图中的点按顺序用线连起来。

开始吧！把这些工具和材料找齐。

骰子

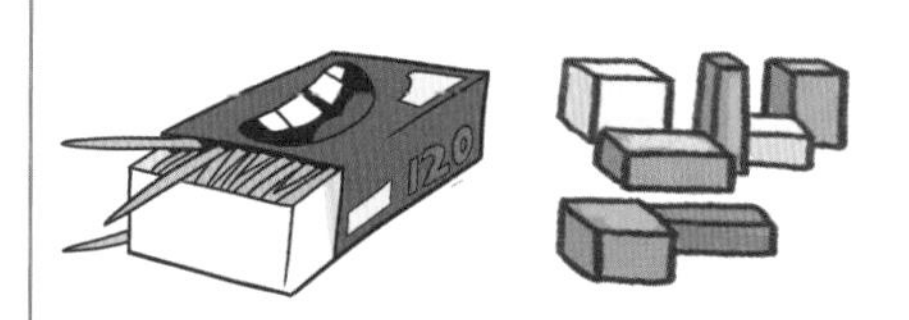

120根牙签或120块积木

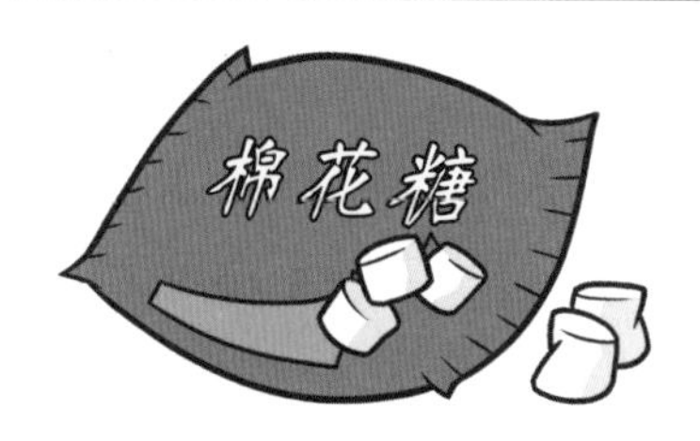

棉花糖

蜡笔

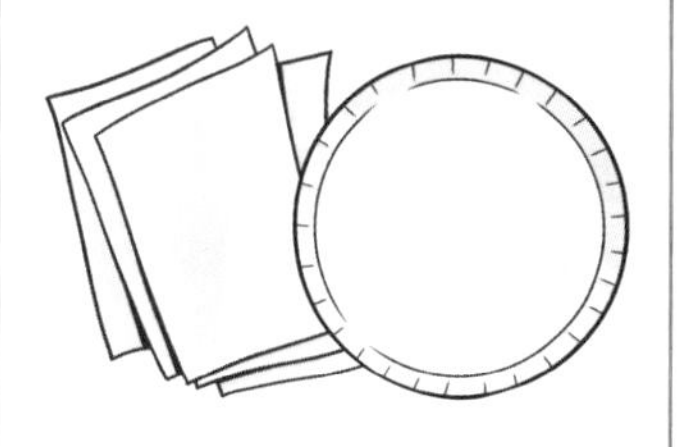

白纸或纸盘

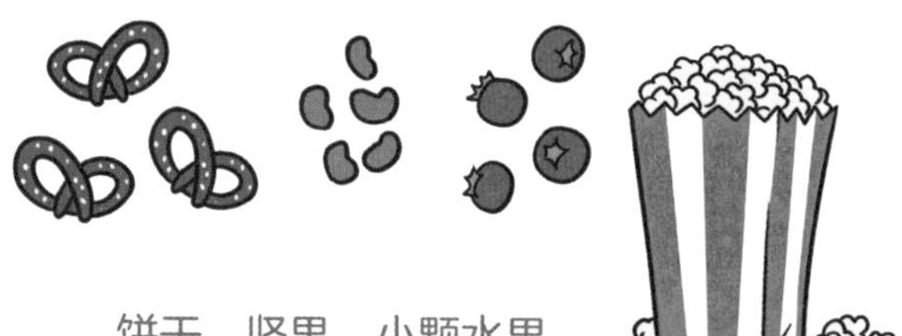

饼干、坚果、小颗水果和爆米花

动动脑！

投两次骰子来得到一个两位数。如果你先后投出了5和4，那么得到的两位数就是54！

用这一数量的积木或牙签**搭**成塔（如果用牙签，就要使用棉花糖作为连接点）。

继续投骰子，直到搭好几座不同形状的塔。其中哪座塔最高？为什么？

动动手：数字零食盘！

1. 在1到50中**选**4个数字，把它们**写**在白纸或纸盘的不同位置上。

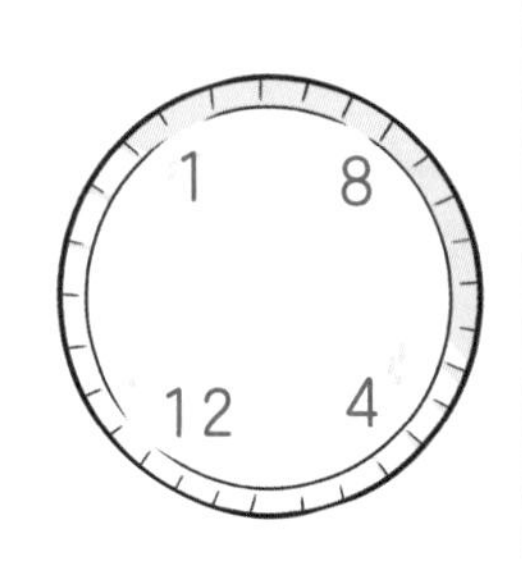

2. **拿**出你最喜欢的几种零食。

3. 在每一个数字旁边**放**上与数字等量的零食。

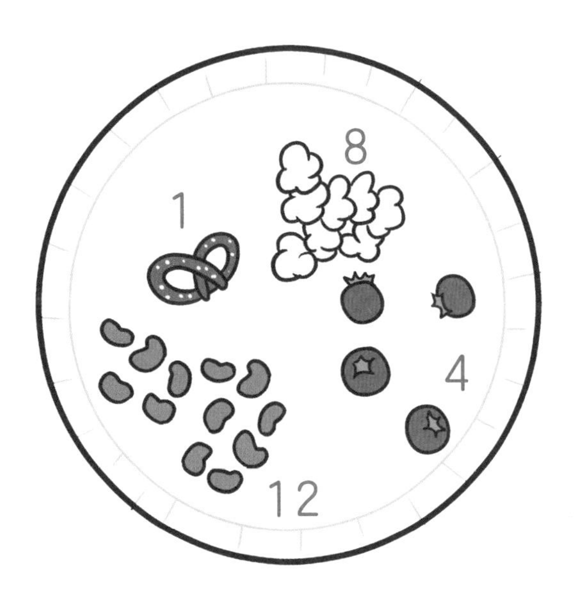

做设计！

小学霸们在比赛搭零食塔，谁搭得既高又结实就能赢得所有零食。

角角学霸特别饿，他该怎么做才能搭出既高又结实的零食塔呢？

帮角角学霸**搭**几座零食塔。数一数你一共用了多少积木、牙签和其他物品。搭完之后，朝你的零食塔吹气，并摇一摇桌子，看看它们是否结实。如果换成其他物品搭会怎么样呢？

项目1：完成！
请领取你的任务贴纸！

2 数位

小学霸们要乘火车去城里啦！上车前，他们想买一些物品。
阅读下面的问题并写出数字。

点点学霸把书落在家里了！
书店的书架上有多少本图书？

角角学霸特别容易饿！
帮他看看货架上有多少零食。

滚滚学霸想给朋友买一份礼物。
这里有多少件玩具？

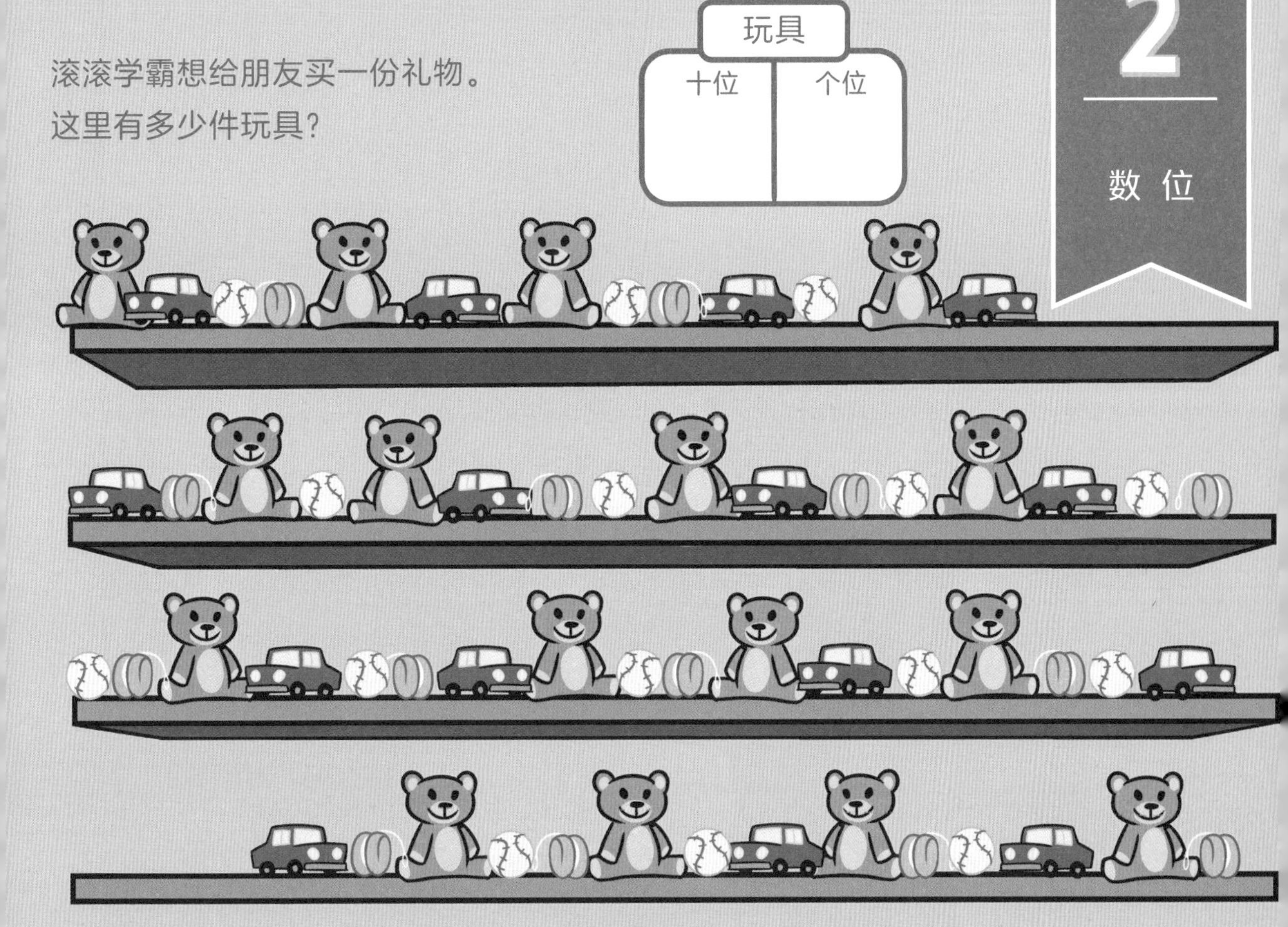

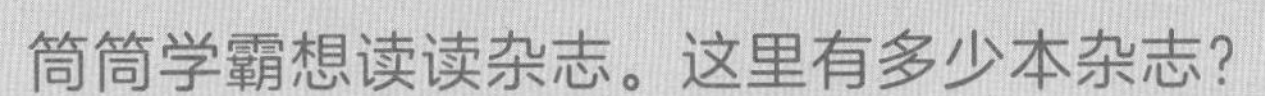

筒筒学霸想读读杂志。这里有多少本杂志？

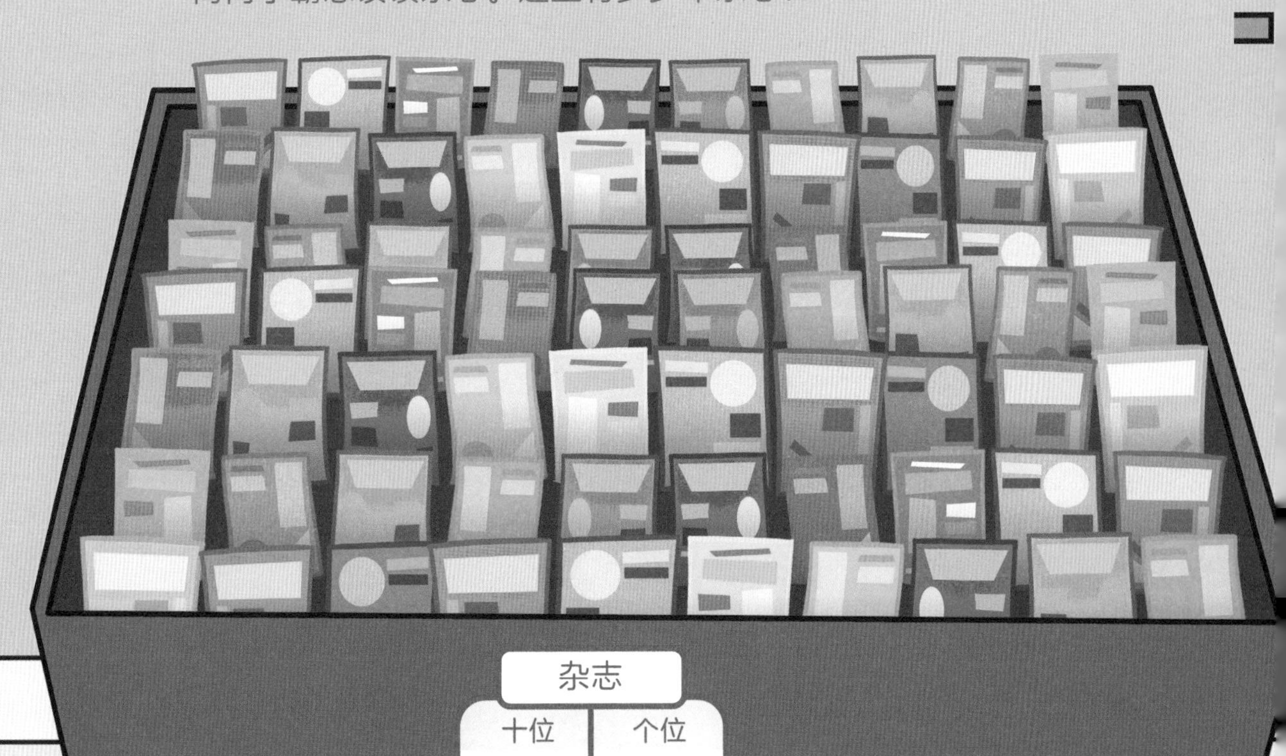

数一数火车每节车厢有多少乘客，按每10人一组的方式把他们圈起来，并按提示写出数字。

总数=

十位	个位

十位	个位

总数=

十位	个位

十位	个位

总数=
十位
个位
十位
个位
总数=
十位
个位
十位
个位
总数=
十位
个位
十位
个位

小学霸们带着棉球去参加棉球展览！

按每个小学霸带的棉球数量在方框中画好，并按提示填好右侧的表格。

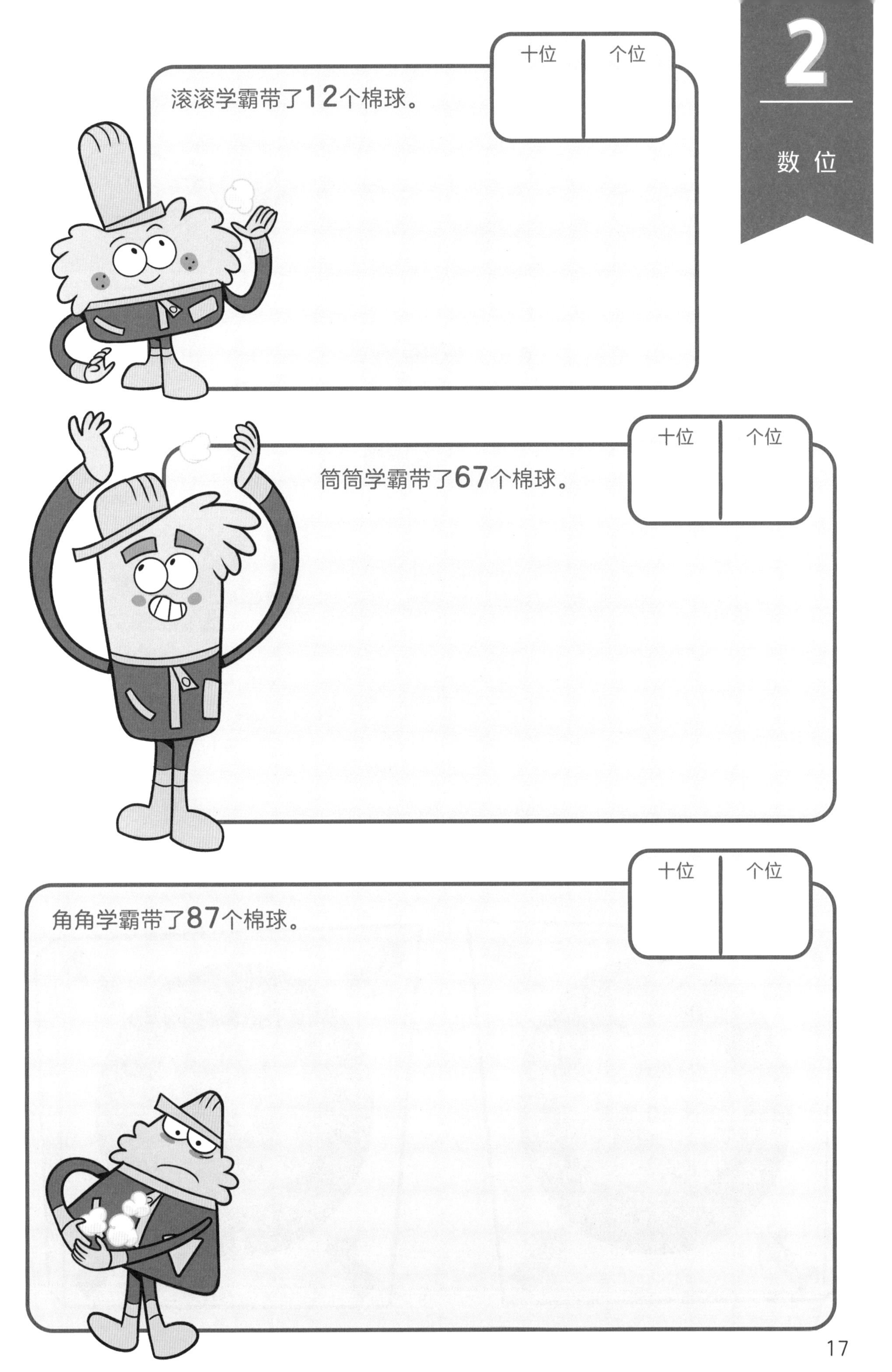
十位
个位
滚滚学霸带了12个棉球。
十位
个位
筒筒学霸带了67个棉球。
十位
个位
角角学霸带了87个棉球。

开始吧！把这些工具和材料找齐。

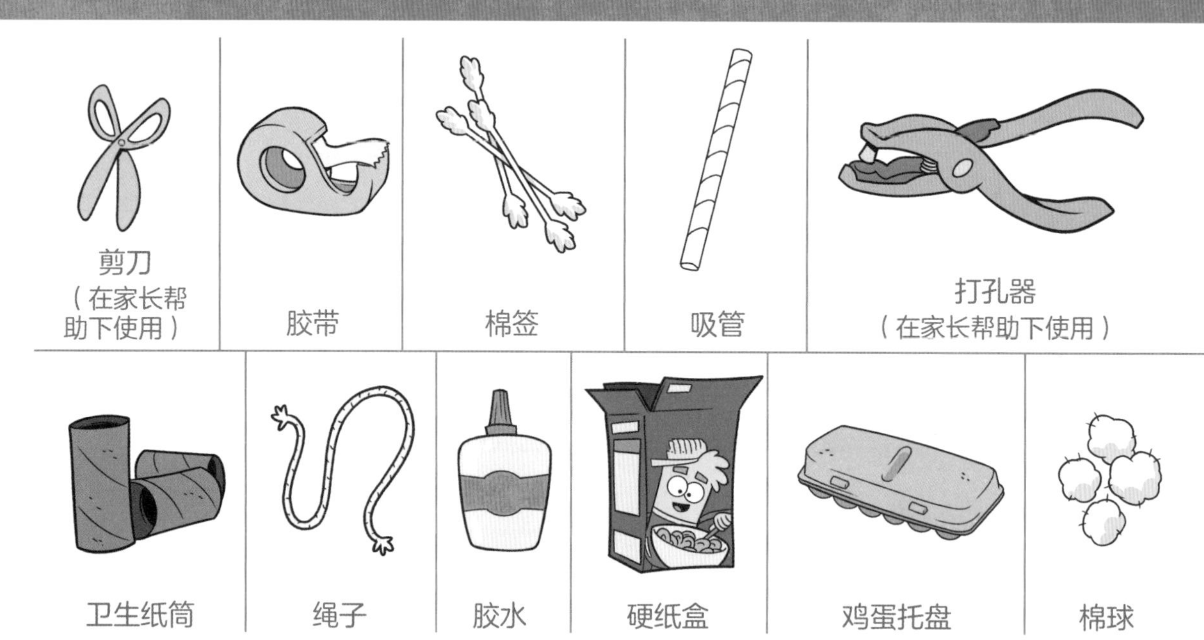

动动脑！

现在是练习打靶的时间！按下图**剪**出靶子并贴在墙上，然后把棉签**插**进吸管。这样你就可以把吸管伸进嘴里，并用它瞄准靶心。左面的靶代表你的得分的十位数，右面的靶代表你的得分的个位数。把它们组合起来，看看你最高能得多少分！

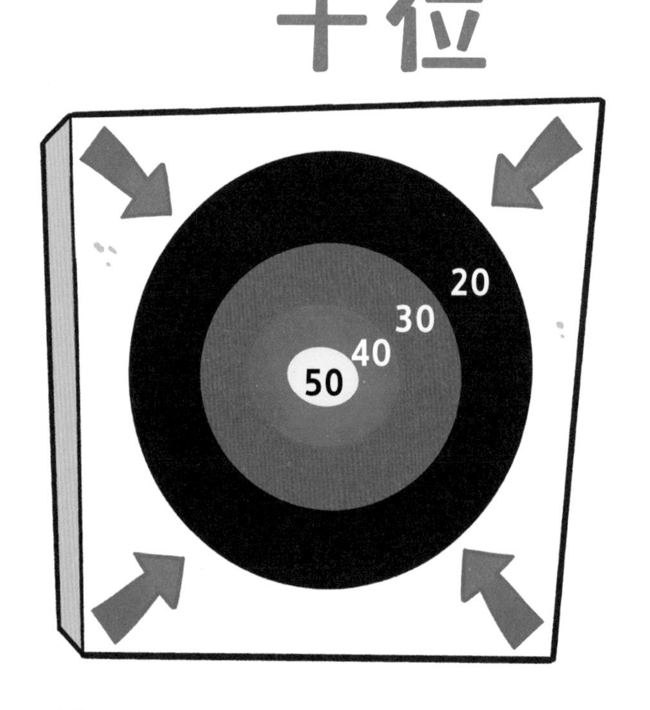

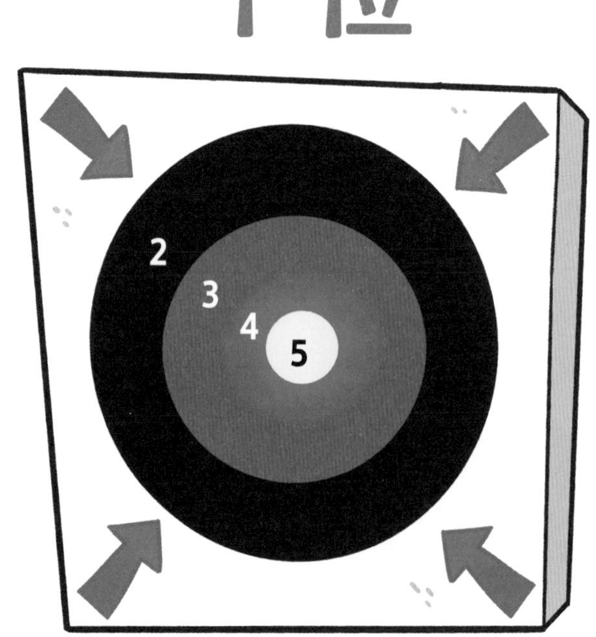

动动手：货运火车！

1. 在家长的帮助下，按下图的方式给3个卫生纸筒**打孔**。

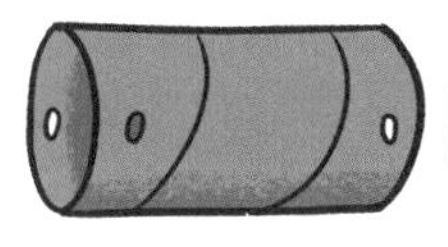
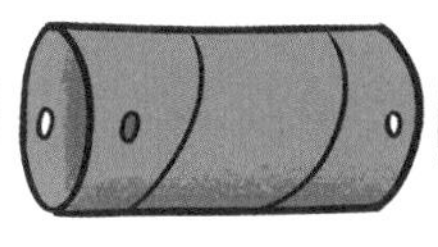
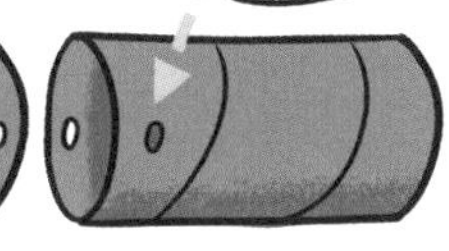

2. 用绳子把它们**连**起来，形成3节车厢。

3. 从硬纸盒上**剪**下4个大小适中的车轮。

4. 把轮子**粘**在每节车厢上。

5. 用贴纸**装饰**车厢。现在就可以往货运火车上装货啦！它可以装下多少物品？如果超过10个的话，所装物品数量的十位数和个位数分别是多少？

做设计！

小学霸们做了70个棉球去参加棉球展，他们需要按10个一组的方式来运送这些棉球。

他们该怎样运送呢？

设计一辆可以装载70个棉球的车子。你会怎么按10个一组的方式计算数量呢？再做一个可以轻松查点棉球数量的工具。

项目2：完成！
请领取你的任务贴纸！

3 比较两位数的大小

按下列要求完成任务。

圈出观景人数较多的阳台，如果人数一样多，就把两个阳台都划掉。

圈出看起来长有较多浆果的灌木丛，如果浆果数量一样多，就把两个灌木丛都划掉。

圈出装有较多水果的篮子，如果水果数量一样多，就把两个篮子都划掉。

3
比较两位数的大小
哪棵树上的猴子较少？用方框框出来。如果两棵树上的猴子一样多，就把两棵树都划掉。
圈出看起来身上有较多斑点的美洲豹，如果斑点一样多，就把两只美洲豹都划掉。
哪个水塘里的鱼较少？用方框框出来。如果两个水塘里的鱼一样多，就把两个水塘都划掉。

在下图的每组数字中，较大的数字表示点点学霸喂给鳄鱼的鱼的数量。把这个数字写在鳄鱼嘴里，并把较小的数字写在鳄鱼身后，最后完成下面的句子。

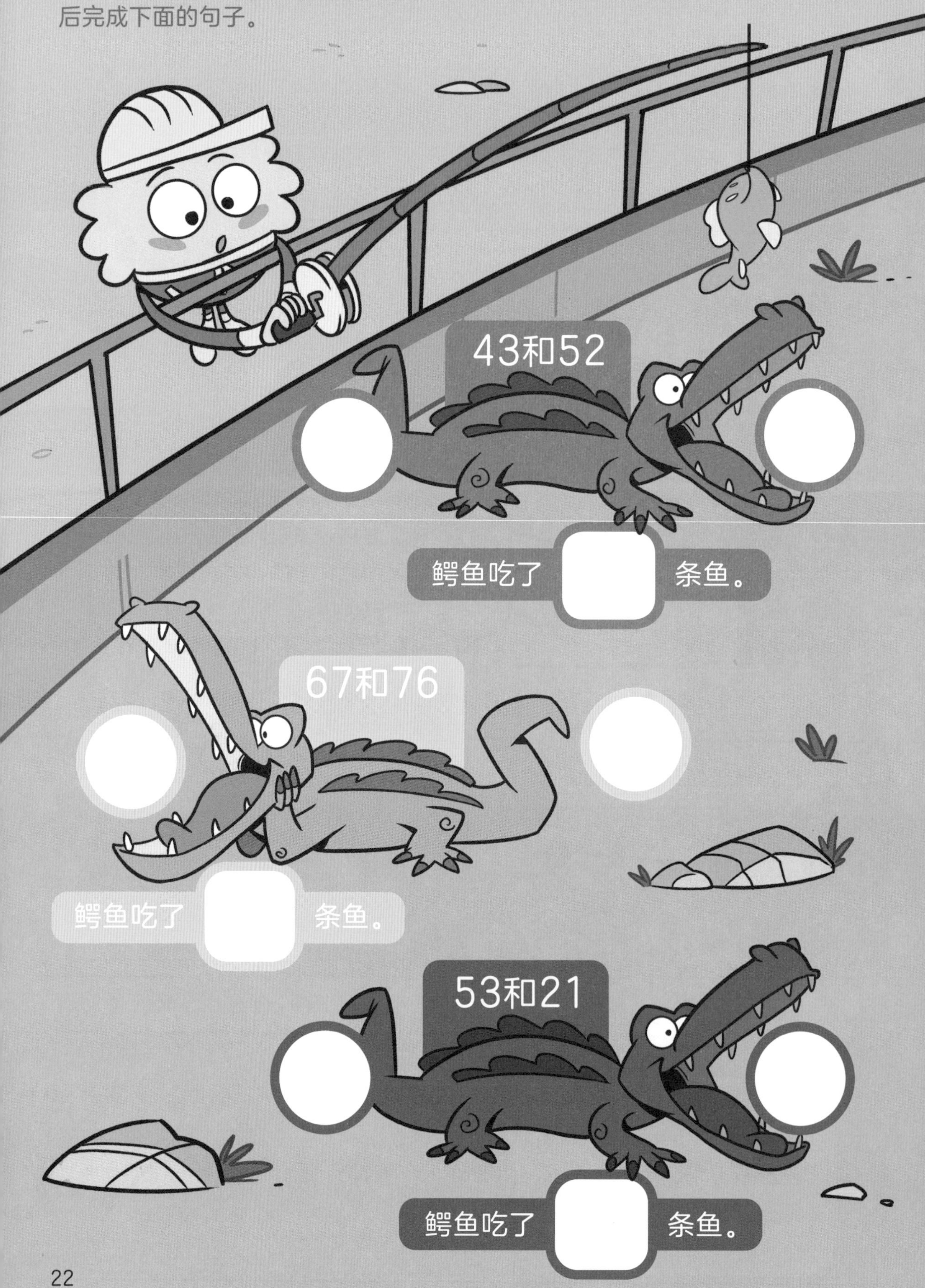

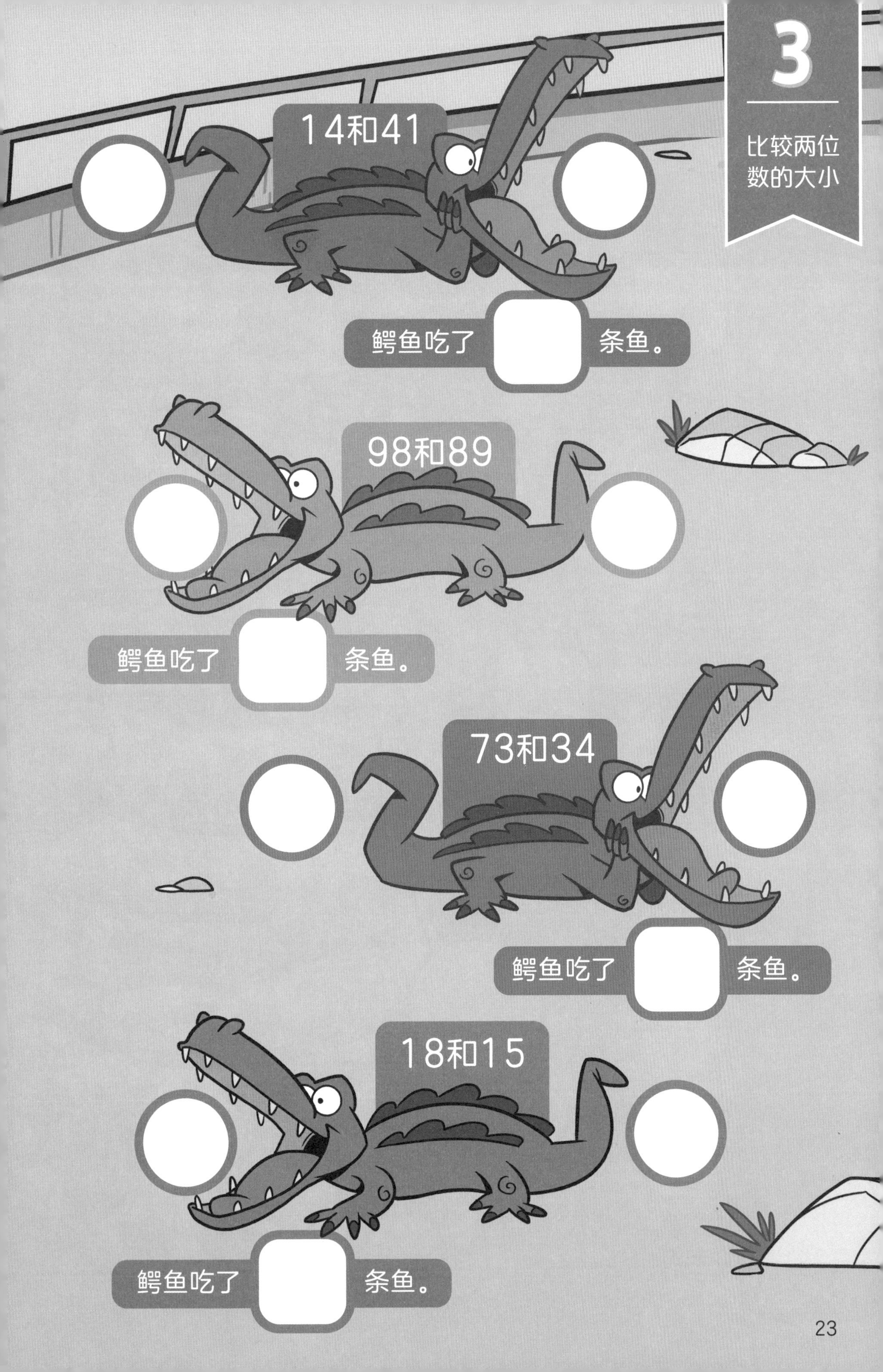
3
比较两位数的大小
14和41
鳄鱼吃了 条鱼。
98和89
鳄鱼吃了 条鱼。
73和34
鳄鱼吃了 条鱼。
18和15
鳄鱼吃了 条鱼。

滚滚学霸和扁扁学霸正在动物园里玩。动物园快关门了，他们需要尽快参观。在方框中写出每个区域有多少只动物，并把“>”“<”或“=”填入白圈。

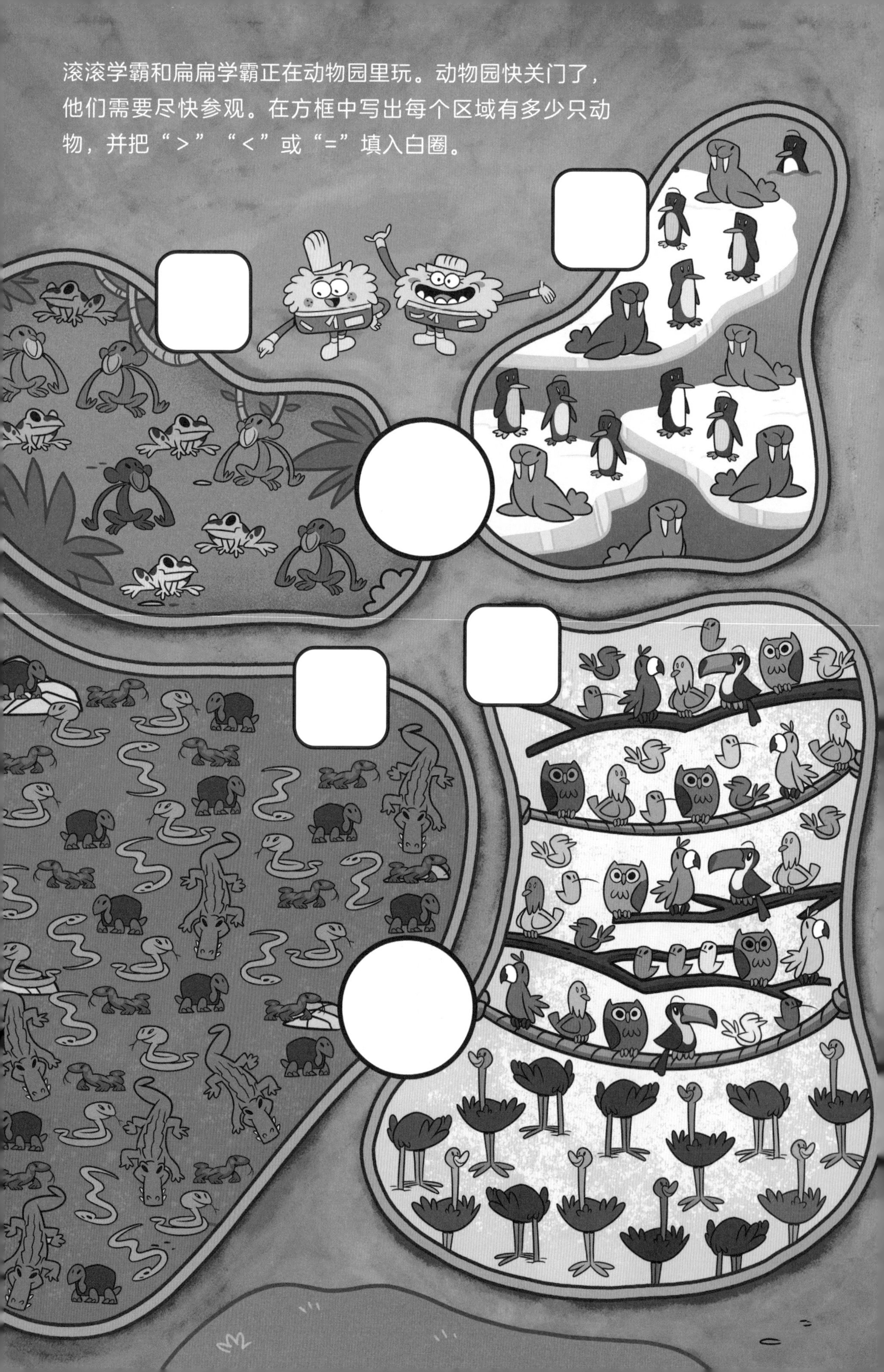

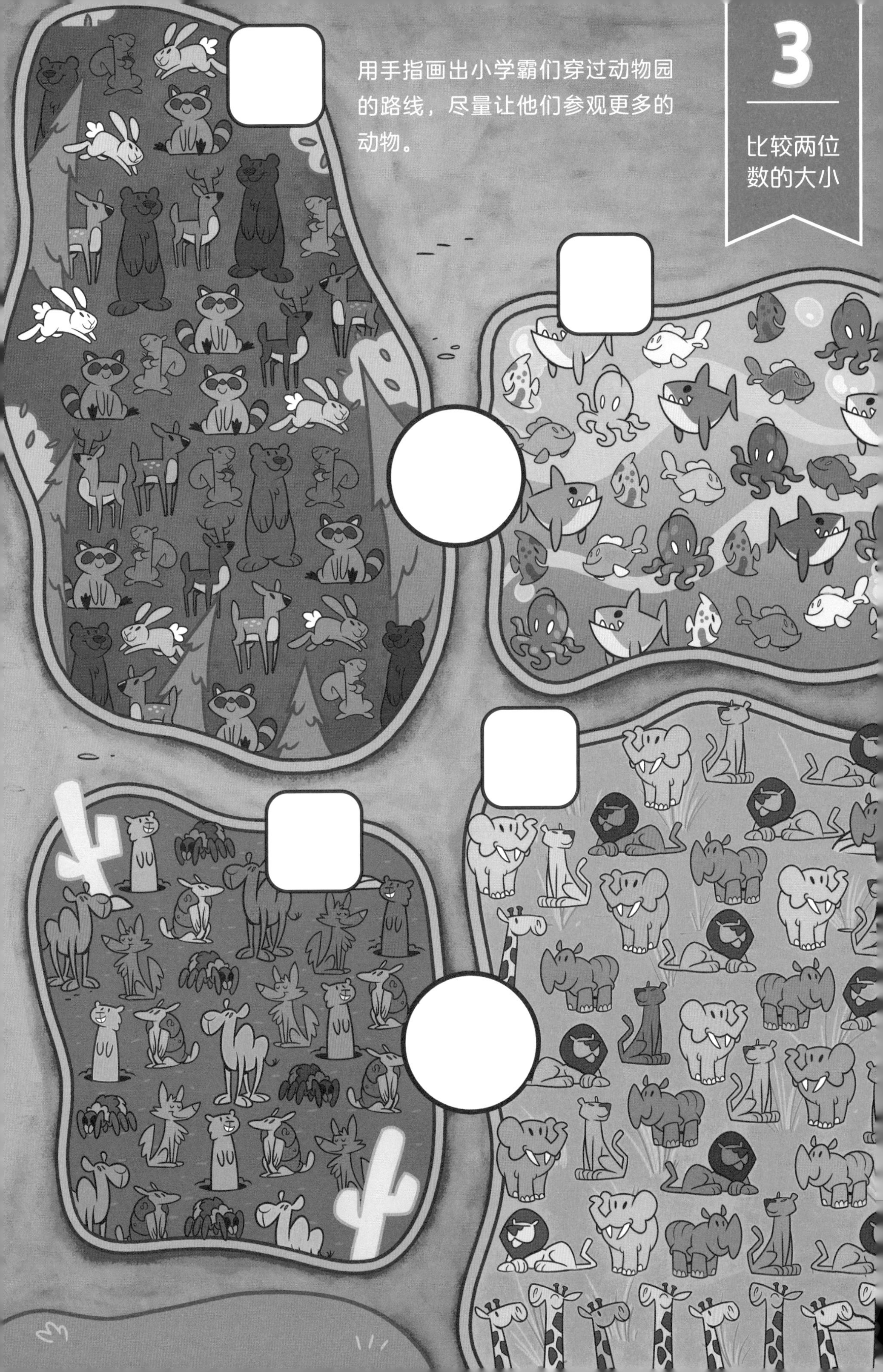

3 比较两位数的大小

用手指画出小学霸们穿过动物园的路线，尽量让他们参观更多的动物。

开始吧！把这些工具和材料找齐。

几碗不同种类的小物件，
比如玻璃球、大米、硬币、珠子或纽扣

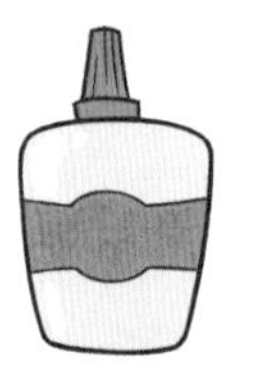

胶水

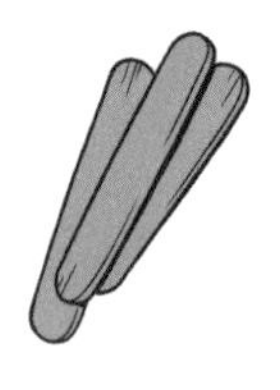

小木棒

包含绿色的记号笔或蜡笔

剪刀
（在家长帮助下使用）

白纸

铝箔纸

空白卡片

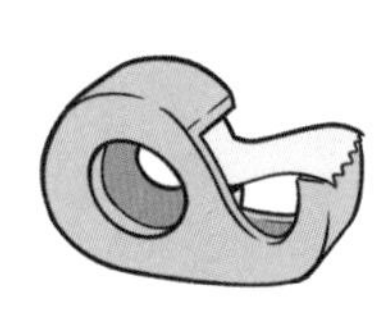

胶带

动动脑！

从一个碗里**抓**一把小物件，再从另一个碗里抓一把。

数一数两把小物件各有多少个。一把比另一把多，比另一把少，还是两把的数量相同？

重复上面的步骤，然后想想下面的问题：当物品较小时，你是多抓一些容易，还是少抓一些容易？当物品较大时，你是多抓一些容易，还是少抓一些容易？

动动手：鳄鱼的大嘴！

1. 按下图的方式把两根小木棒**粘**起来。

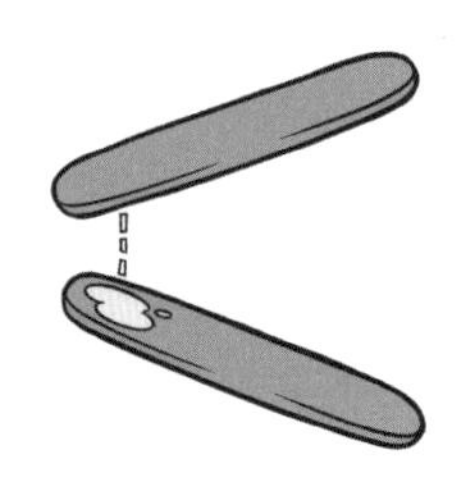

2. 把小木棒**涂**成绿色，并把贴纸上的眼睛贴上去。

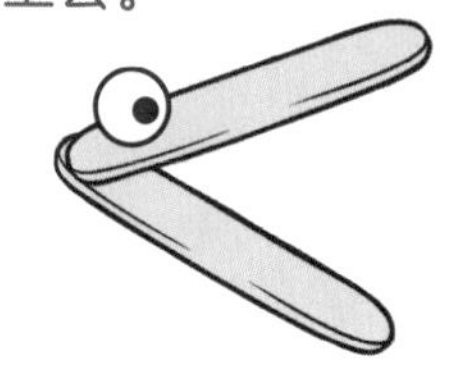

3. 从白纸上**剪**下一些三角形的碎片，把它们当作牙齿贴在两根木棒的内侧。

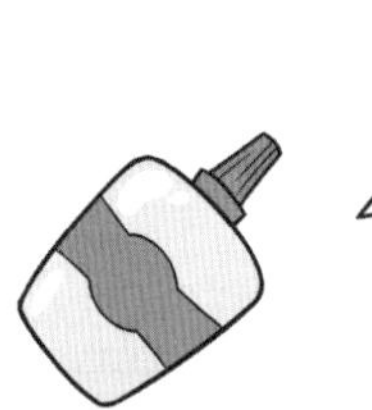

4. 在房间里**找**一些同类的物品，把它们**分**成两堆，并**比较**两堆物品数量的多少。你可以把鳄鱼的大嘴放在它们之间。要注意，鳄鱼总是会盯向数量更多的那一堆！

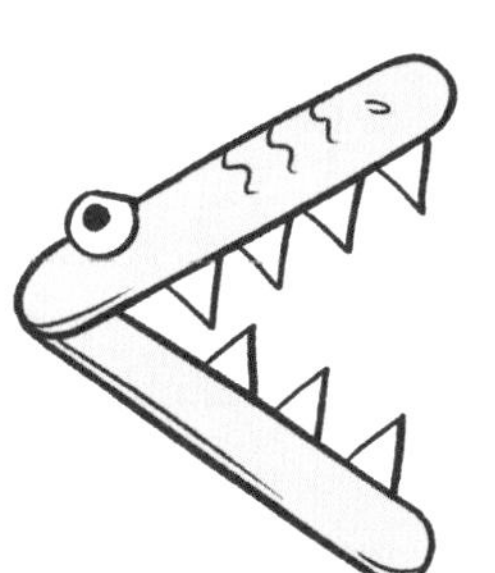

做设计！

一群海豚正沿着轻松小镇的海边游泳。小学霸们想去给它们加油助威，可是他们的小船只能容纳一个小学霸。他们需要一个能容纳所有小学霸的交通工具。

他们该怎么到达海豚身边呢？

制作一个可以容纳所有小学霸的水上交通工具，然后在装满水的盆里做测试。不断往你的交通工具里放进小物件，在它不下沉的情况下，你最多可以放进多少小物件？

再试试放入其他的小物件，这次可以放进更多、更少还是一样多呢？

项目3：完成！
请领取你的任务贴纸！

4 加减法

滚滚学霸带着她的狗狗拳师去购物。在下图中画出一条路线，让她在3家商店花光20元钱。

4
加减法
狗狗拳师跑进了书店，把里面弄得一团糟。滚滚学霸要把地上的书放回书架上。店员告诉她，原本每个书架的顶层有10本书，中层有5本书，下层有20本书。
用彩笔画上需要补齐的书，用黑笔涂掉需要拿掉的书。

完成下面的应用题。

点点学霸正在修车。她需要2个车灯、1扇车门和2个轮胎。她一共要准备多少零部件呢?

$2+1+2=$ ☐

把贴纸粘贴在合适的地方。

修理店外有5辆小汽车、3辆卡车、7辆自行车，那么修理店外一共有几辆车?

☐

点点学霸的工具箱里有3把扳手、1把螺丝刀和2颗螺丝钉。她的工具箱里一共有多少件物品？

点点学霸还需要1把扳手、2把螺丝刀和12颗螺丝钉。把它们画在下面的工具箱里，并算出你一共需要画多少件物品。

现在点点学霸的工具箱里一共有多少件物品呢？

按你喜欢的方式搭配出周二到周五的甜点套餐，并算出每天的花销。

回答小学霸甜品店的顾客所提出的下列问题。

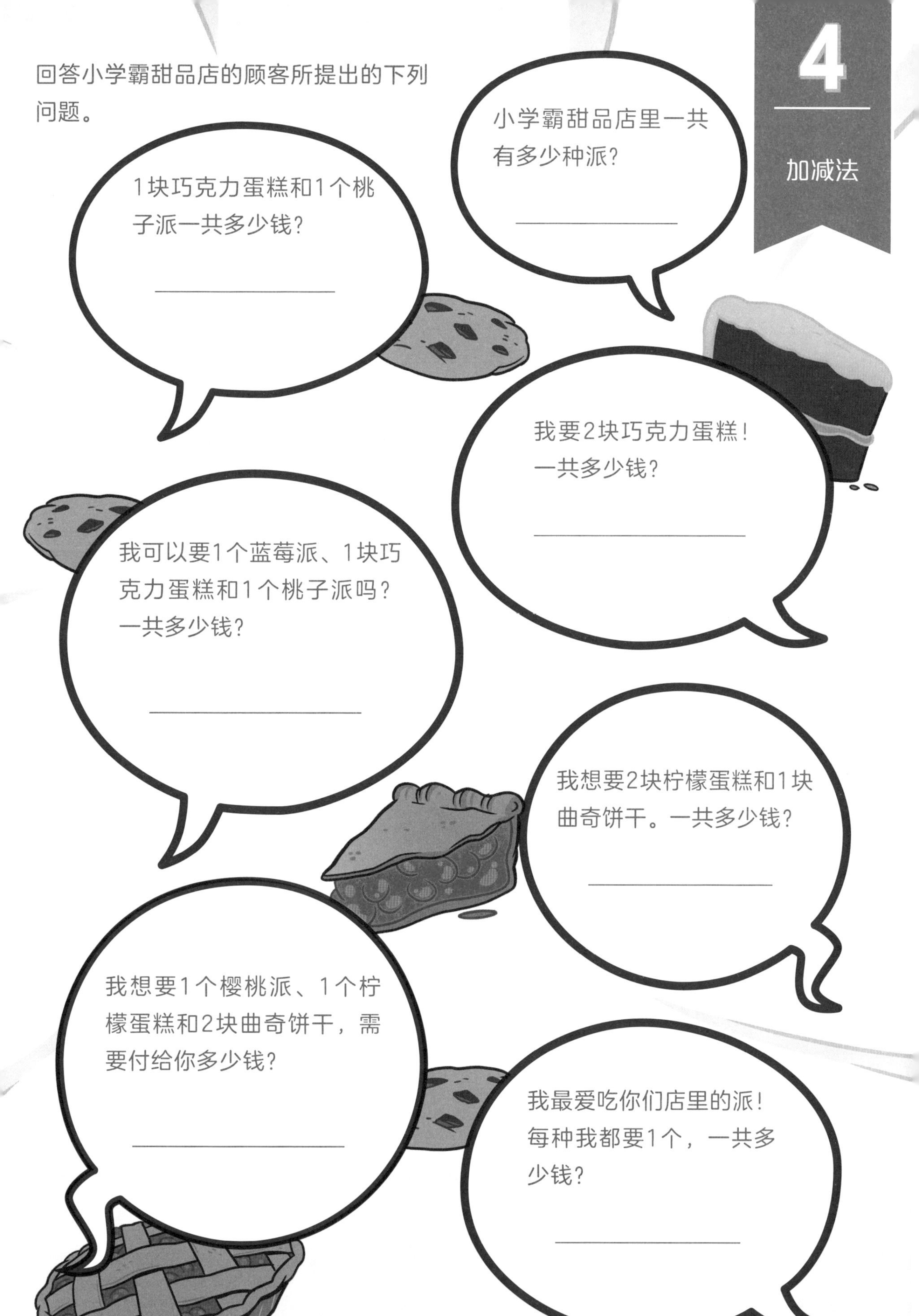

开始吧！把这些工具和材料找齐。

骰子

棋子、硬币或纽扣

冰激凌及配料
（如巧克力豆、软糖或核桃碎）

碗

剪刀
（在家长帮助下使用）

图画纸

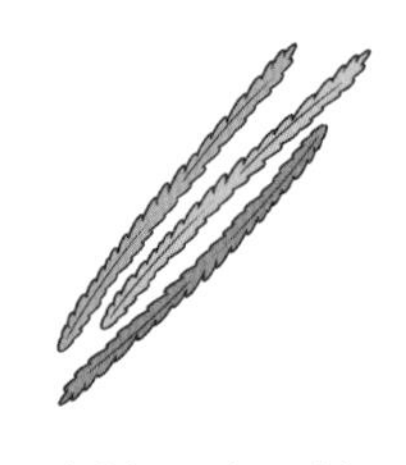

清管器或吸管

胶带或胶水

3个大小不同的
玻璃容器

动动脑！

不断**投**骰子，并按投出的数字在下面的游戏盘上**移动**相应的步数，直到走到终点20。最后一步必须要到达20，如果步数超过了，就重新投骰子，直到能准确地到达20为止。然后继续投骰子，并从20往回移动，直到回到起点1。

动动手：冰激凌圣代！

1. 把冰激凌**放**到碗里。
2. 选3种配料，并**想想**你各需要多少，比如想放12个巧克力豆、8块软糖、5块核桃碎。
3. 你一共需要多少配料？在心里**算**一下它们的总数。
4. 一边往冰激凌里**加**配料，一边**数数**，看看和你的计划是否相符。

做设计！

筒筒学霸和角角学霸在花店帮忙。他们需要把10朵花插进3个不同大小的花瓶中。最大的花瓶里插的花最多，最小的花瓶里插的花最少。

他们有几种插花的方式？

从图画纸上**剪**下花瓣，并把它们**粘**在清管器或吸管上来制作10朵花。然后根据上面的要求**插花**。你有几种不同的插花方式？

项目4：完成！

请领取你的任务贴纸！

5 应用题

完成下列应用题。

9个小朋友在攀登架旁边，10个小朋友在滑旱冰。滑旱冰的小朋友比攀登架旁边的小朋友多几个？

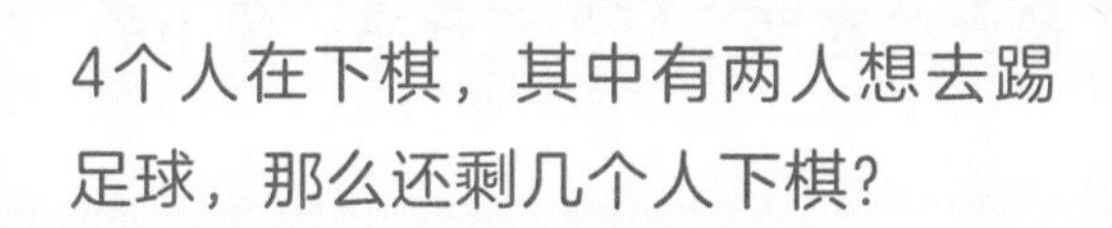

4个人在下棋，其中有两人想去踢足球，那么还剩几个人下棋？

10个小朋友在滑旱冰，玩球的小朋友比滑旱冰的少7人。玩球的小朋友有几个？

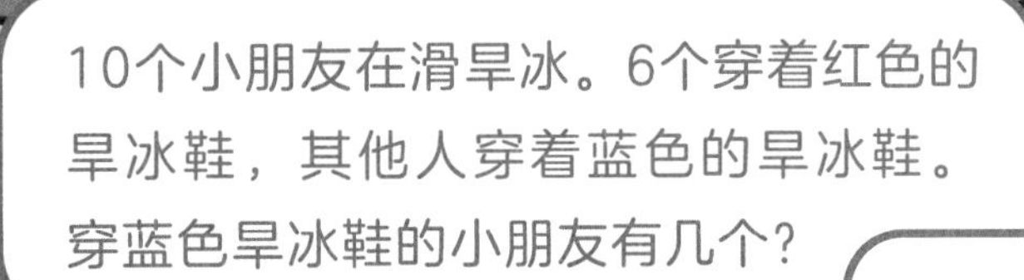

10个小朋友在滑旱冰。6个穿着红色的旱冰鞋，其他人穿着蓝色的旱冰鞋。穿蓝色旱冰鞋的小朋友有几个？

小学霸正在遛6只狗，其中有3只狗的主人要来接它们了，小学霸还需要遛几只狗？

水塘里有3条天鹅形状的脚踏船，3条鸭子形状的脚踏船。水塘里一共有几条脚踏船？

条条学霸把眼镜弄丢了，什么也看不清。大声回答下面的问题，并写出数字。

6个好朋友在公园里野餐，又有4人加入了他们。一共有几个人在野餐？

盘子上有10块曲奇饼干和6块布朗尼蛋糕。曲奇饼干比布朗尼蛋糕多多少块？

生日蛋糕上点着7支蜡烛，筒筒学霸吹灭了4支。还剩几支在燃烧？

角角学霸的盘子上有15粒爆米花，扁扁学霸的盘子上有8粒。后者比前者少几粒？

4只蚂蚁在享用洒出来的果汁，又有8只蚂蚁加入了它们。现在一共有多少只蚂蚁？

7只鸟从天空中飞过，有1只鸟落在了三明治旁边。天上还剩几只鸟？

小学霸一共倒了14杯柠檬汁，其中有5杯被喝光了，还剩多少杯没喝？

餐布上有6个红色盘子，蓝色盘子比红色盘子多6个。蓝色盘子有多少个？

小学霸一共准备了13个大碗、7个小碗。大碗比小碗多几个？

完成下列应用题，并写出算式。

7只松鼠在公园里跑，其中有2只是红色的，其他是灰色的。
灰色的松鼠有几只？

7 − 2 = 5

10条鱼钻出了水塘的水面，4条又回到水塘深处。
水面上还剩几条？

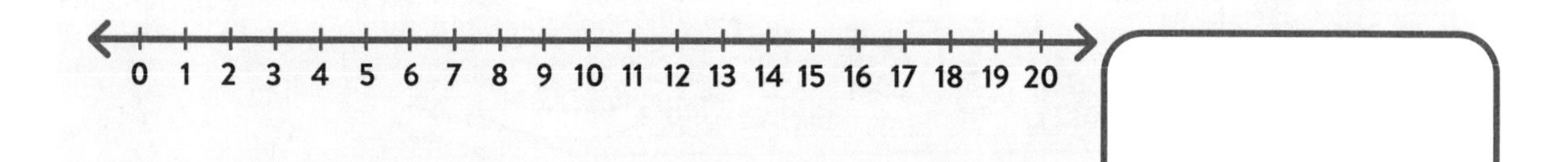

5只小鸟停在树上，10只小鸟在天上飞。
这里一共有多少只小鸟？

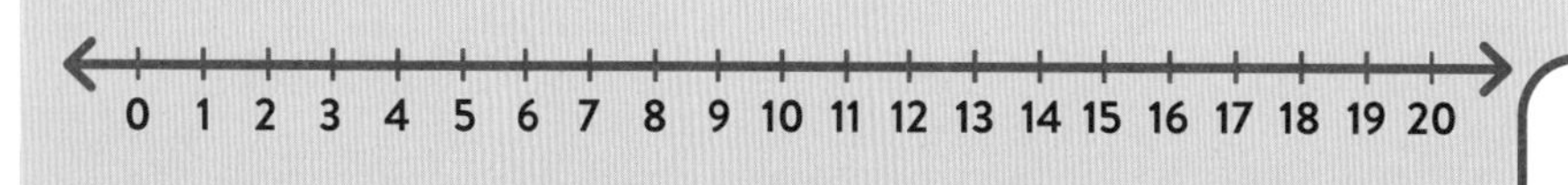

树下原本长有13朵花，有些被摘了，现在还剩4朵。
被摘走的有几朵？

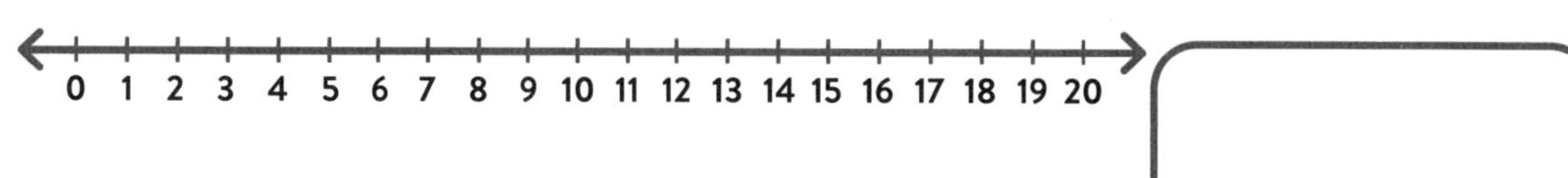

根据物品的租金完成下列应用题。

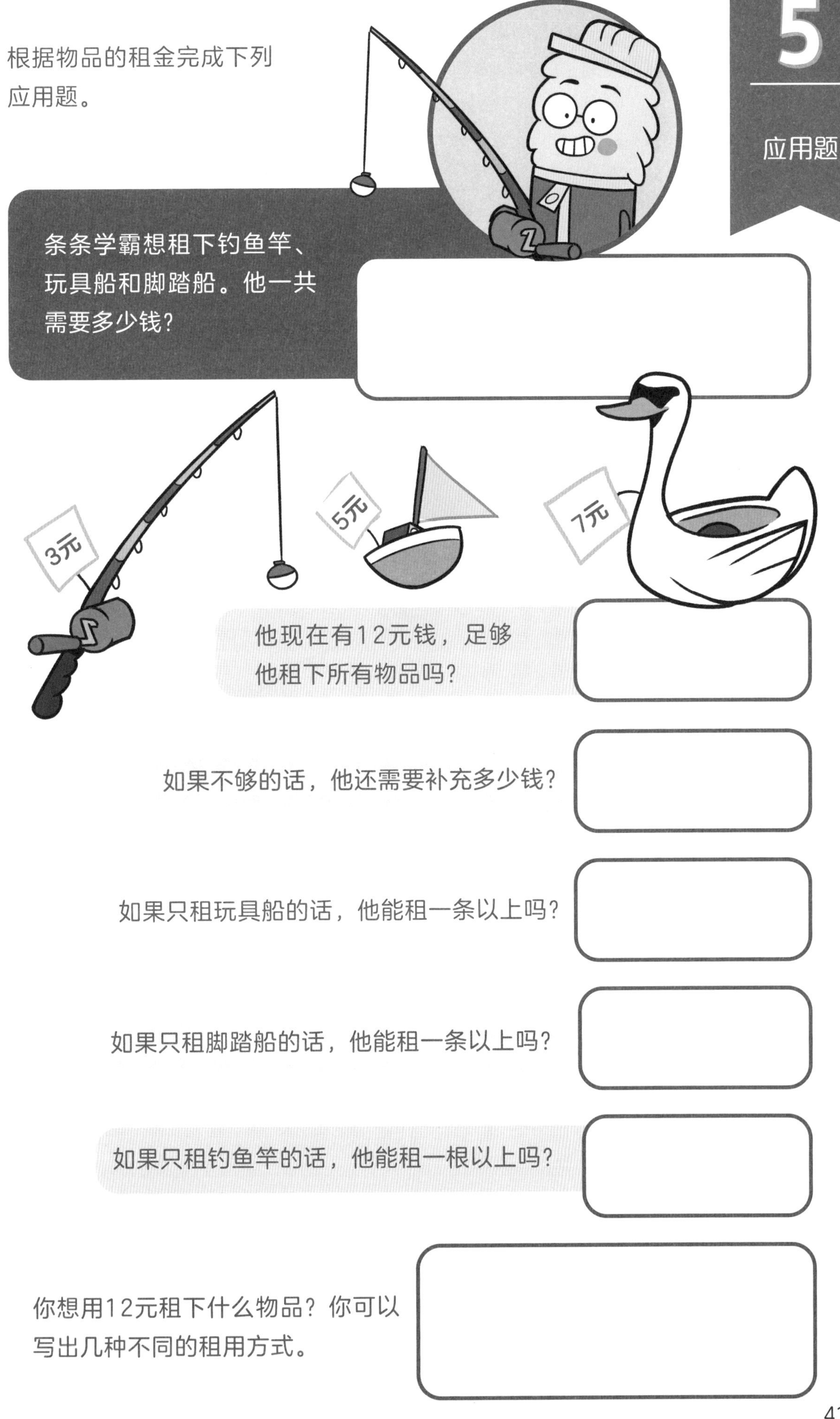

条条学霸想租下钓鱼竿、玩具船和脚踏船。他一共需要多少钱？

他现在有12元钱，足够他租下所有物品吗？

如果不够的话，他还需要补充多少钱？

如果只租玩具船的话，他能租一条以上吗？

如果只租脚踏船的话，他能租一条以上吗？

如果只租钓鱼竿的话，他能租一根以上吗？

你想用12元租下什么物品？你可以写出几种不同的租用方式。

开始吧！把这些工具和材料找齐。

骰子

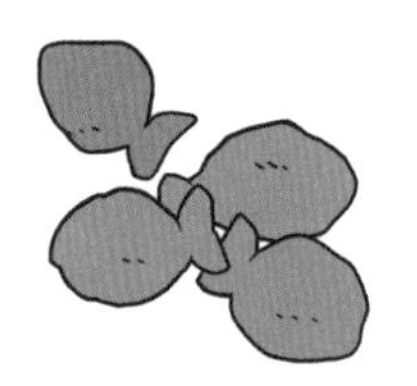
鱼形饼干

2个碗

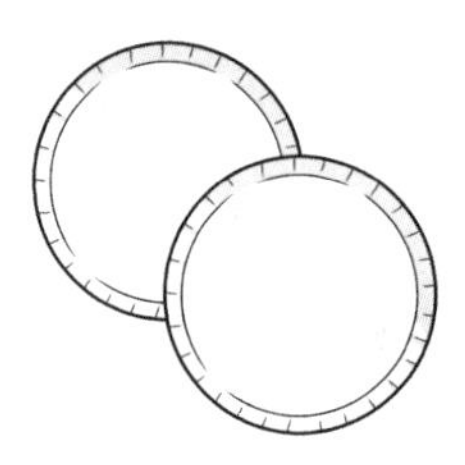
2个纸盘

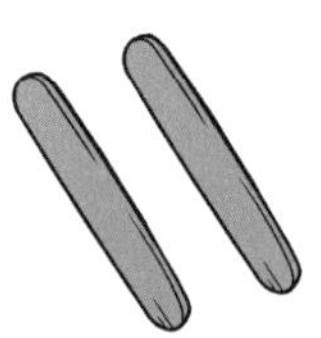
2根小木棒

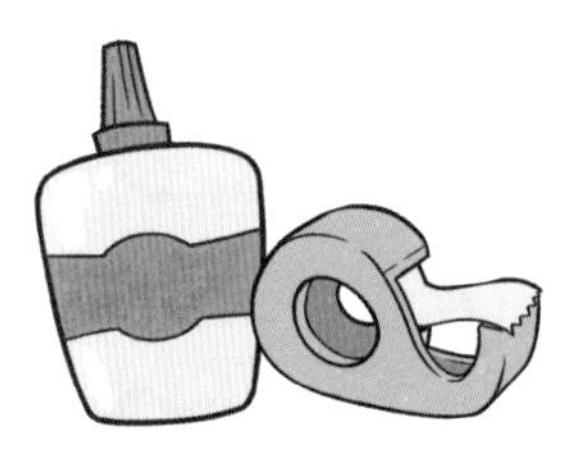
胶水或胶带

气球

卫生纸筒

玻璃球或葡萄

动动脑！

我们一起钓鱼吧！**投**三次骰子，把数字**加**起来，并把相应数量的鱼形饼干**放**到第一个碗里。

重复上面的操作，并把相应数量的饼干放到第二个碗里。第二个碗里的饼干数量比第一个碗里的多还是少？相差多少？两个碗里一共有多少饼干？

随意从两个碗里“钓”出鱼形饼干并吃掉。现在第二个碗里的饼干比第一个碗里的多还是少？相差多少？两个碗里一共有多少饼干？

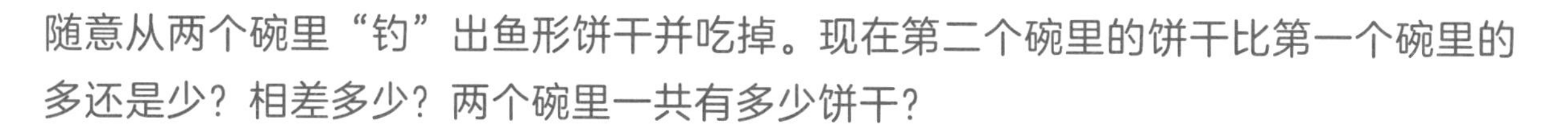

动动手：纸盘球拍！

1. 用胶水或胶带把小木棒的一端**粘**在纸盘的底部，做成特殊形状的球拍。

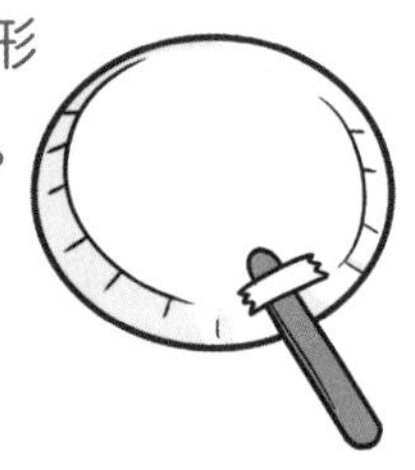

2. 重复上述操作，**做**出另一个球拍。

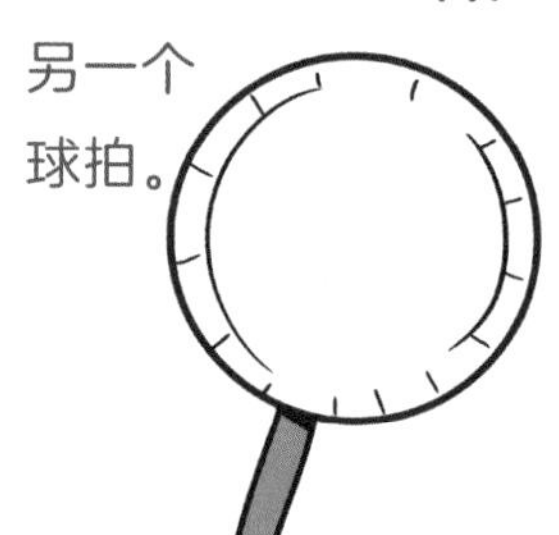

3. **吹**起一个气球，把口扎紧。

4. 找个小伙伴和你一起**玩**。用球拍来回击打气球，每击打一次得1分，气球落地的话就减去3分，你们能一次性得到20分吗？

做设计！

小学霸们喜欢吃葡萄，吃多少都不腻！不过，葡萄放在架子最上层，而小学霸们想在地上玩耍。

他们该怎样做，才能方便地取下葡萄呢？

用准备好的物品**设计**一个取葡萄的工具。你会选哪些物品？为什么？然后用葡萄或玻璃球来测试一下你的设计。

数一数你使用了多少种物品，每种用了多少件，一共用了多少件。

参考答案

1
数到120
答案不止一个

34
55
70

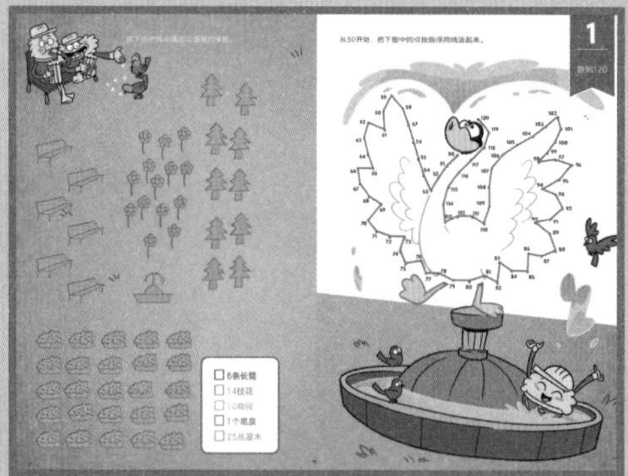
1

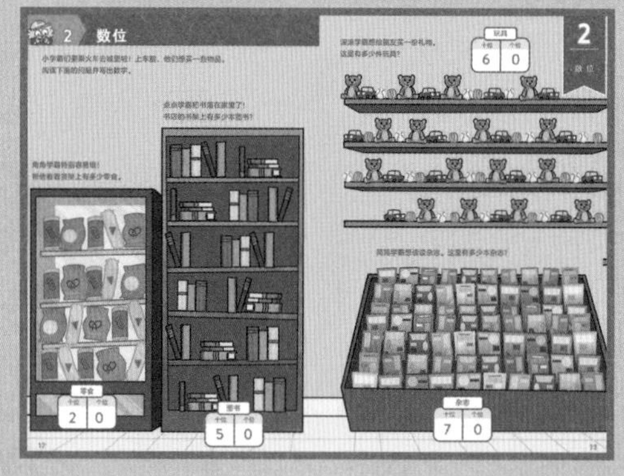
2
数位
十位 个位
6 0
2 0
5 0
7 0

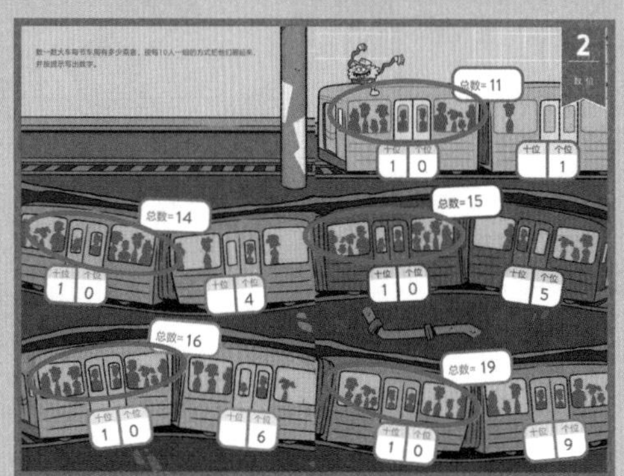
2
总数=11
十位 个位
1 0
1
总数=14
1 0
4
总数=15
1 0
5
总数=16
1 0
6
总数=19
1 0
9

2
十位 个位
1 2
3 4
6 7
5 5
8 7
2 3

3 比较两位数的大小

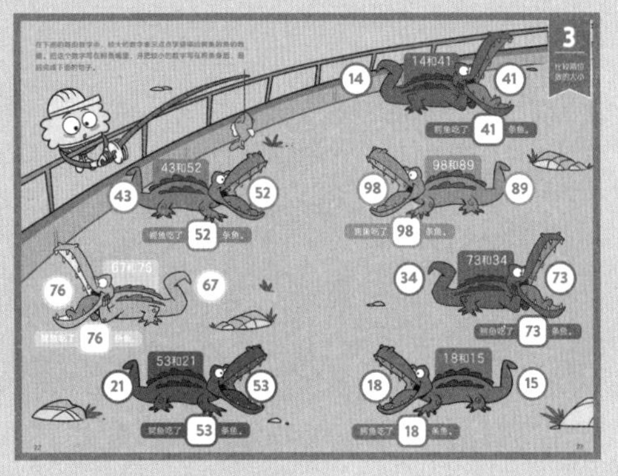

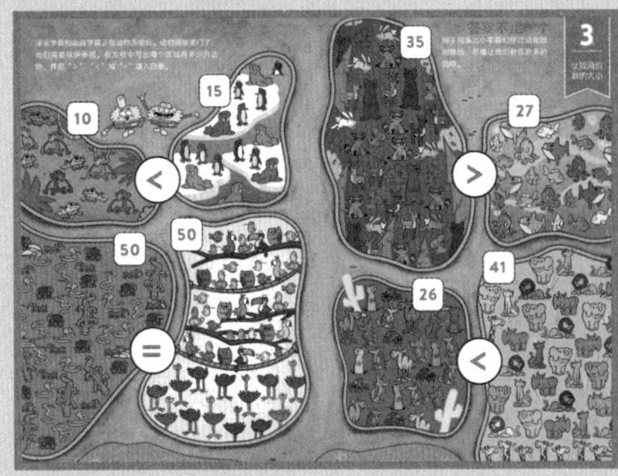

4 加减法

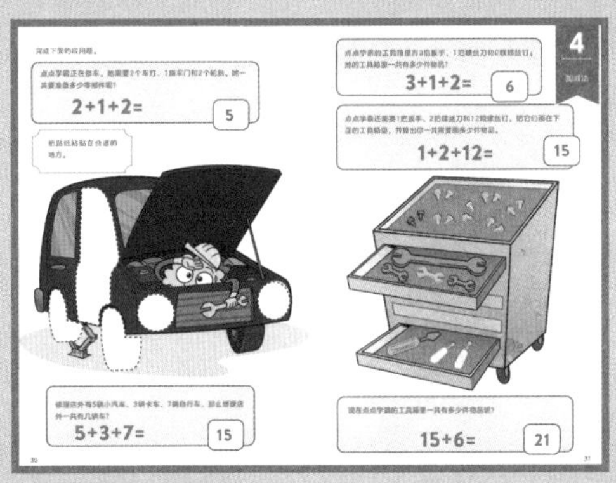

2+1+2=
5
3+1+2=
6
1+2+12=
15
5+3+7=
15
15+6=
21

小学霸甜品店
答案不止一个
答案不止一个
答案不止一个
答案不止一个
6+2=
8(元)
6+6=
12(元)
4+6+2=
12(元)
5+5+1=
11(元)
3+5+1+1=
10(元)
4+3+2=
9(元)

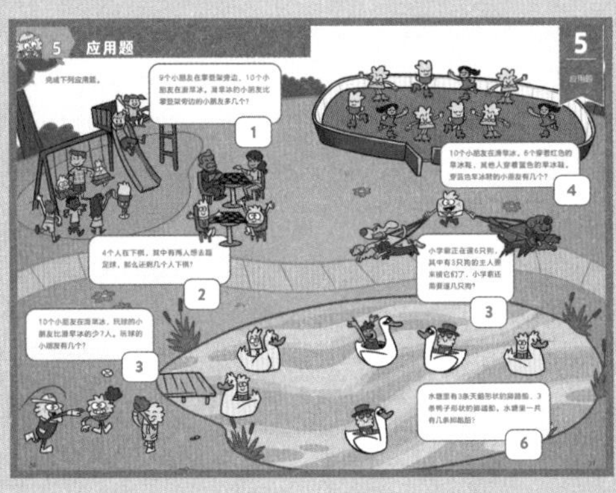

5 应用题

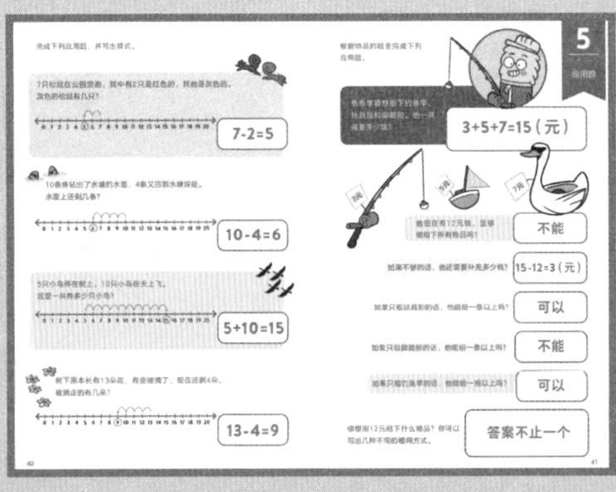

7-2=5
10-4=6
5+10=15
13-4=9
3+5+7=15(元)
不能
15-12=3(元)
可以
不能
可以
答案不止一个

关于本系列

“麦克米伦轻松小学霸”系列丛书由专业从事儿童教辅图书出版的麦克米伦公司出品。它在美国众多知名教育学家和教师的指导下研发编写而成，适合4—8岁儿童分级阅读。每个孩子都要从ABC和123学起，关键在于如何让他们从中发现乐趣，并具备终身学习的能力。

本系列分为数学、英语、科学三个学科，共包含36个分册，每册包括5个贴近儿童生活的主题。小读者可以在6个小学霸的带领下畅游轻松小镇，并在游戏中培养兴趣、汲取知识、解决问题。

本册《数学 ⑧》简体中文版由北京市海淀区数学学科带头人孟丹老师审订推荐。

麦克米伦轻松小学霸

数学

SHUXUE

⑧

[美] 贾斯汀 · 克拉斯纳　著

[美] 乍得 · 托马斯　绘

陈芳芳　译

接力出版社
Publishing House

桂图登字：20-2020-040

TINKERACTIVE WORKBOOKS：IST GRADE MATH by Justin Krasner，illustrations by Chad Thomas

Published with arrangement by Odd Dot, an imprint of Macmillan Publishing Group, LLC.

图书在版编目（CIP）数据

数学.8/（美）贾斯汀·克拉斯纳著；（美）乍得·托马斯绘；陈芳芳译.—南宁：接力出版社，2022.9
（麦克米伦轻松小学霸）
书名原文：TinkerActive Math 1 Grade
ISBN 978-7-5448-7528-8

Ⅰ.①数… Ⅱ.①贾…②乍…③陈… Ⅲ.①数学—儿童读物 Ⅳ.① O1-49

中国版本图书馆 CIP 数据核字（2022）第 002593 号

目 录

Contents

1 等式

来当一次美食评论家吧！如果下列盘子里的等式成立，就圈出表示赞叹的手势。如果等式不成立，就圈出表示不满意的手势。

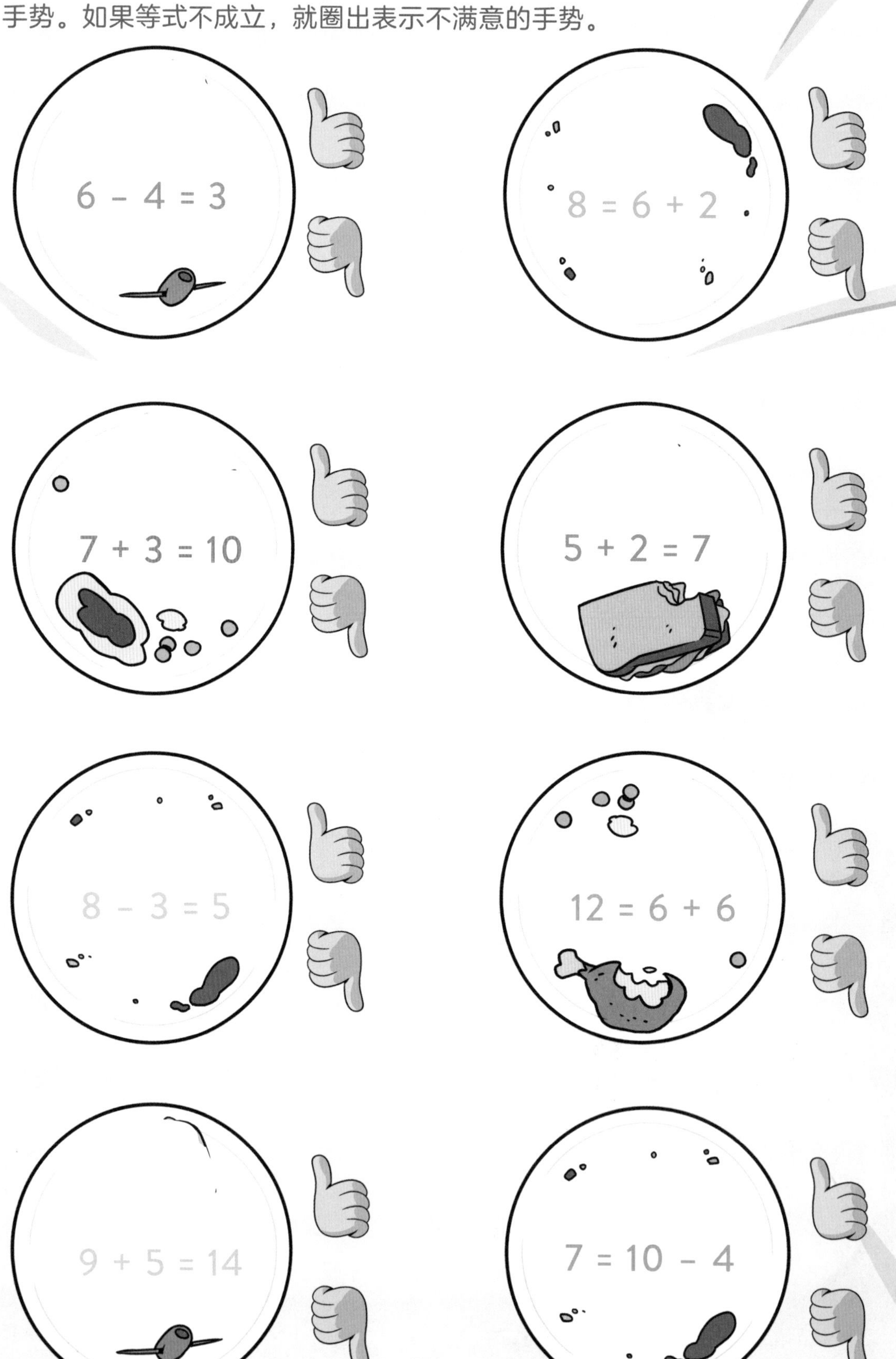

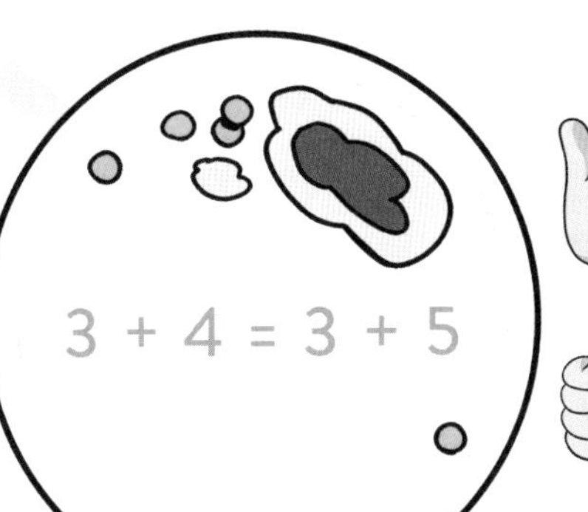

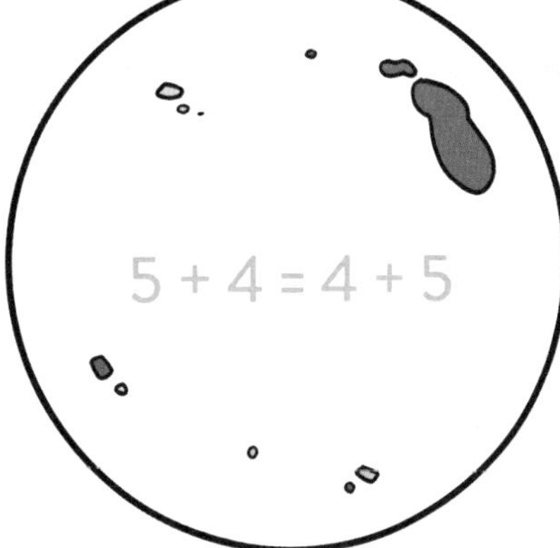

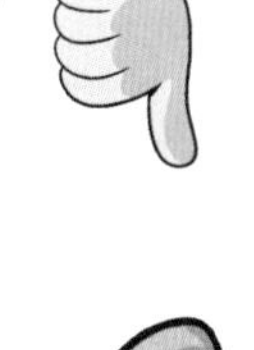

在空白处填入数字，来使每个式子都成立。

$6 + 4 \neq 2$

$6 + 4 = \square$

$4 + 6 = \square$

$\square - 6 = 4$

$\square - 4 = 6$

$7 \neq 11 - 3$

$\square = 11 - 3$

$3 = 11 - \square$

$\square + 3 = 11$

$3 + \square = 11$

$12 - 3 \neq 8$

$12 - \square = 8$

$12 - 8 = \square$

$8 + \square = 12$

$\square + 8 = 12$

用每张菜单上方的数字填空，来使菜单上的等式都成立。

1
等 式
扁扁学霸要弄清每行的两个盒子里的配料数量是否相等。
哪一行的两个盒子里的配料数量不一致？在上面画“×”。
6 + 3
=
6 + 4
2 + 9
=
9 + 2
3 + 7
=
7 + 1
4 + 8
=
8 + 4

填上缺失的数字来使等号左右两边的盘子保持平衡。

$3 + 4 = 4 + \square$

$7 + 3 = \square + 7$

$\square + 2 = 2 + 8$

$10 + 1 = 7 + \square$

$8 = \square - 2$

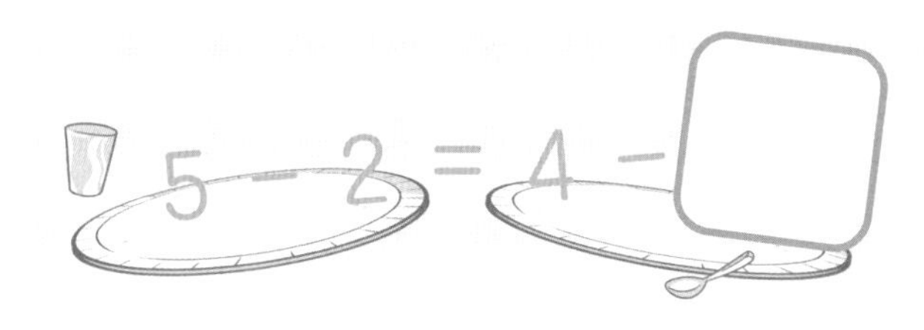
5 − 2 = 4 − □

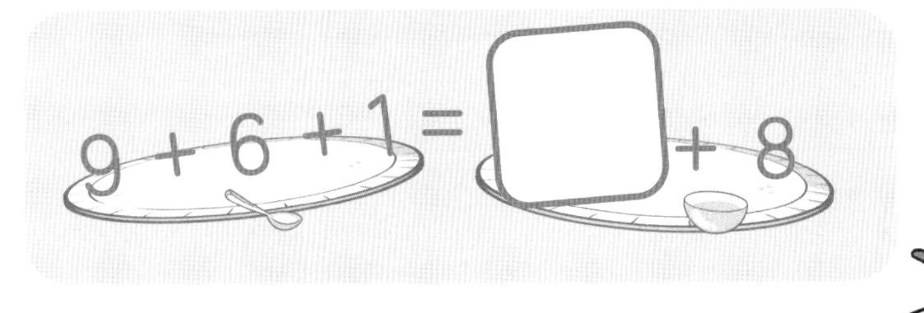
9 + 6 + 1 = □ + 8

10 + 7 = □ + 5 + 6

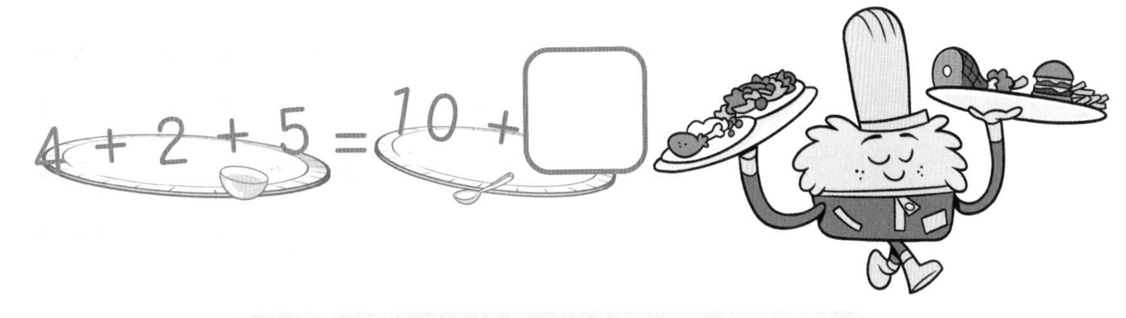
4 + 2 + 5 = 10 + □

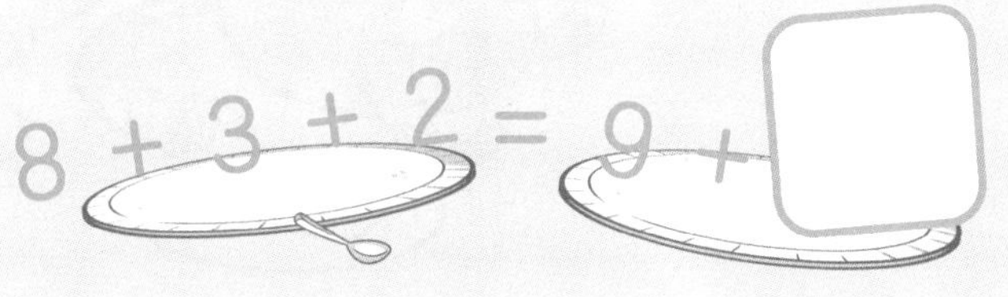
8 + 3 + 2 = 9 + □

7 − □ = 9 − 6

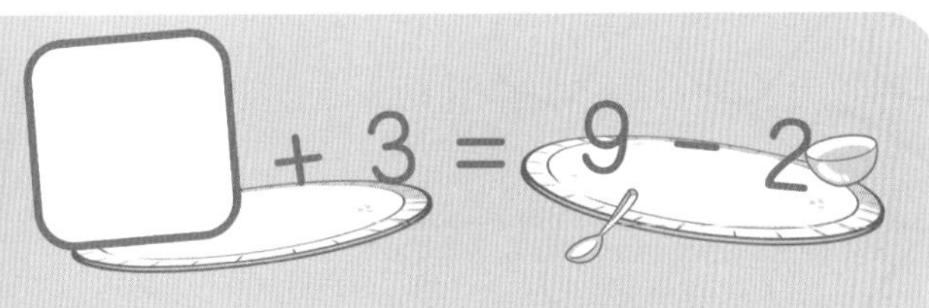
□ + 3 = 9 − 2

开始吧！把这些工具和材料找齐。

苹果片

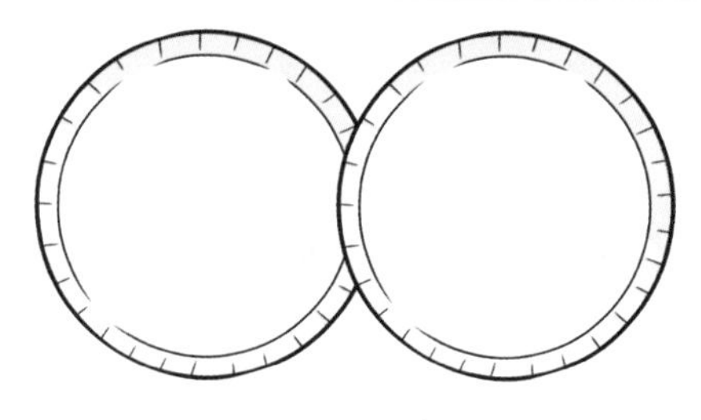
2个纸盘

塑料杯

记号笔

动动脑！

在2个纸盘上**放**一些苹果片。2个纸盘上的苹果片一样多吗？如果不一样多，就**移动**其中一些苹果片，来让两边一样多。

现在你可以开始享用苹果片啦！不过，你要让两个纸盘上的苹果片数量始终保持一致。

动动手：计数机器！

1. **准备**5个塑料杯。

2. 用记号笔在3个杯子的边沿**写**上数字1到20。

3. 在另外2个杯子的边沿分别**写**上加号、减号和等号，注意留出间隙。

4. 把写有符号的杯子**叠**放在写有数字的杯子之间。

5. **转**动杯子，来得出一些能够成立的等式。

做设计！

点点学霸、扁扁学霸和条条学霸想成为侦探，所以需要一种秘密交流的方式。

他们该怎么在书写和读出信息的时候，为信息加密呢？

设计一种和计数机器类似的工具，来帮他们传递机密信息。

提示：
你可以用不同数字代表不同的词语。

项目1：完成！
请领取你的任务贴纸！

2 求未知数

填好海报上缺失的数字。

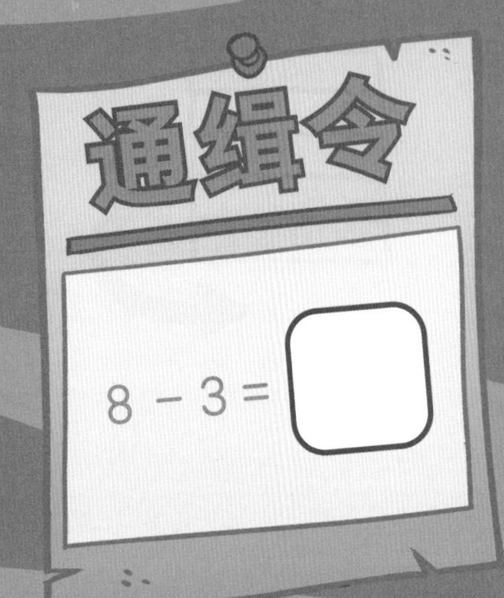

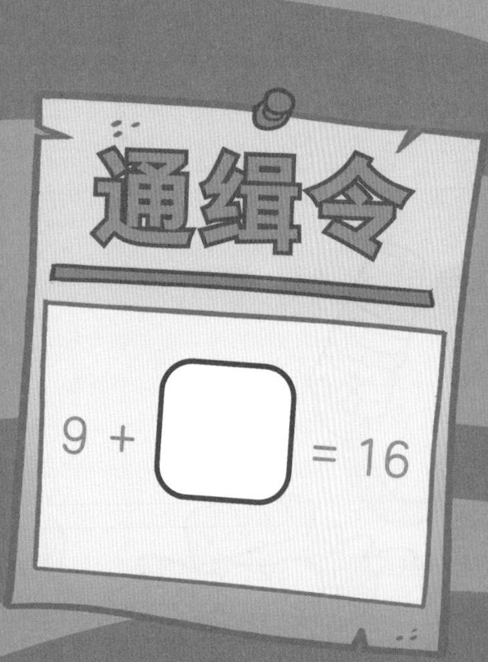

$10 = \square - 5$

$3 + 9 = \square$

$\square + 7 = 10$

$\square + 8 = 20$

$9 - 6 = \square$

轻松小镇的“礼物节”到了！小学霸们都忙着送礼物，收礼物。按提示填空。

条条学霸之前有7个气球，他又收到了4个气球，现在有 ______ 个气球。

点点学霸收到了6个玩偶，现在有14个。她之前有 ________ 个玩偶。

扁扁学霸送出去2张卡片，还剩下10张。她之前有 ______ 张卡片。

狗狗的零食时间到啦！按照指示给狗狗喂食。

斯巴克有4根骨头，它得吃8根才能饱。

帮它多画一些。

你画了几根？

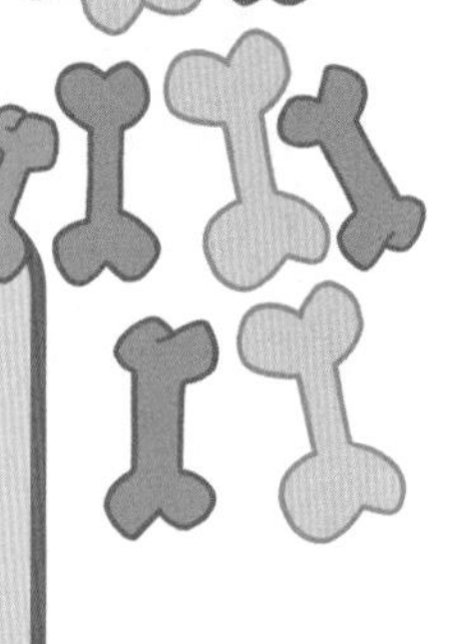

雷克斯有10根骨头，它最多能吃6根。

划掉它吃不了的骨头。

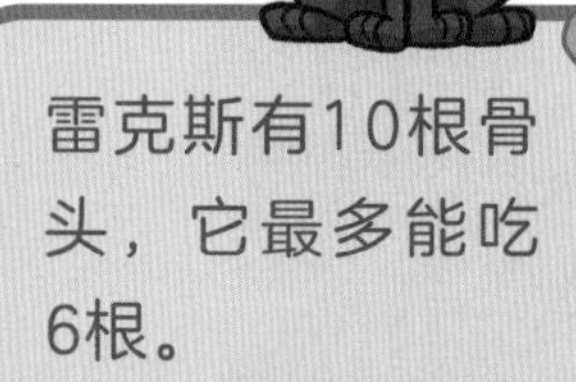

你划掉了几根？

罗西有2根骨头，它得吃12根才能饱。

帮它多画一些。

法朗奇有7根骨头，它最多能吃3根。

划掉它吃不了的骨头。

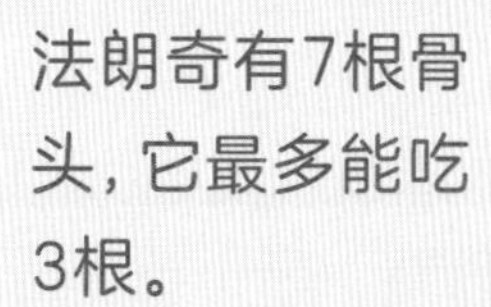

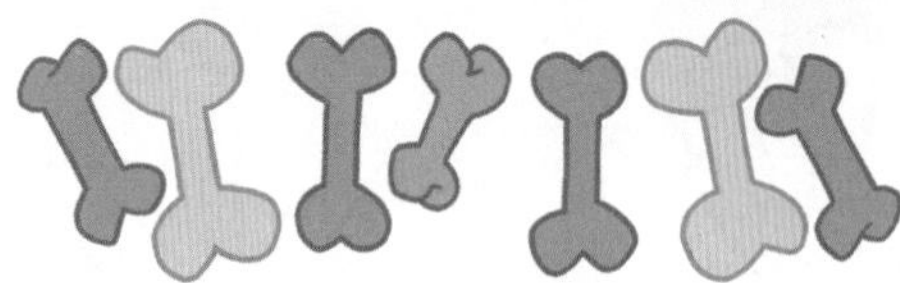

你划掉了几根？

你一共画了几根？

写出数字组合中缺失的部分，并根据组合完成算式。

□	+	2	=	5
5	−	2	=	□
2	+	□	=	5
5	−	□	=	2

9

4

□	+	□	=	□
□	−	□	=	□
□	+	□	=	□
□	−	□	=	□

□	+	□	=	□
□	−	□	=	□
□	+	□	=	□
□	−	□	=	□

□	+	□	=	□
□	−	□	=	□
□	+	□	=	□
□	−	□	=	□

开始吧！把这些工具和材料找齐。

剪刀
（在家长帮助下使用）

骰子

图画纸

衣架

绳子

小物件

2个带把手的小桶

动动脑！

在家长的帮助下，把下面的小鸟和树枝**剪**下来。投2次骰子，并把得到的数字**加**起来，这个数字就是树枝上小鸟的数量。比如你投出了5和2，那就往树枝上**粘**7只小鸟。你往树上粘了几只小鸟？

多投几次，看看你一次最多能粘上几只小鸟。

动动手：圆点等式！

1. 把等式**填**写完整。

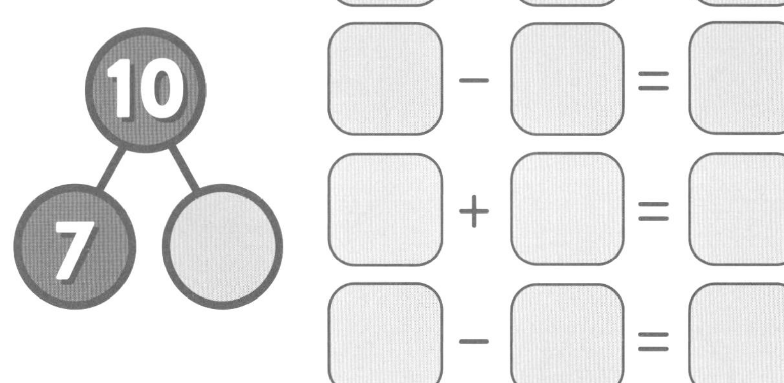

2. 把贴纸上的圆点**粘**在图画纸上，来展示上面的等式。

做设计！

角角学霸在食品杂货店工作，负责给水果称重。可是，一个超大的西瓜把天平压坏了！

角角学霸该怎样做一个新的天平呢？

用准备好的物品**制作**一个天平，然后抓一些小物件放在天平两端。

现在你的天平能够维持平衡吗？如果不行，就**增加**或**减少**两端的小物件。你增加或减少了几件物品呢？

3 数位和加法

在框中分别写出比中间的数字少10和多10的数字。

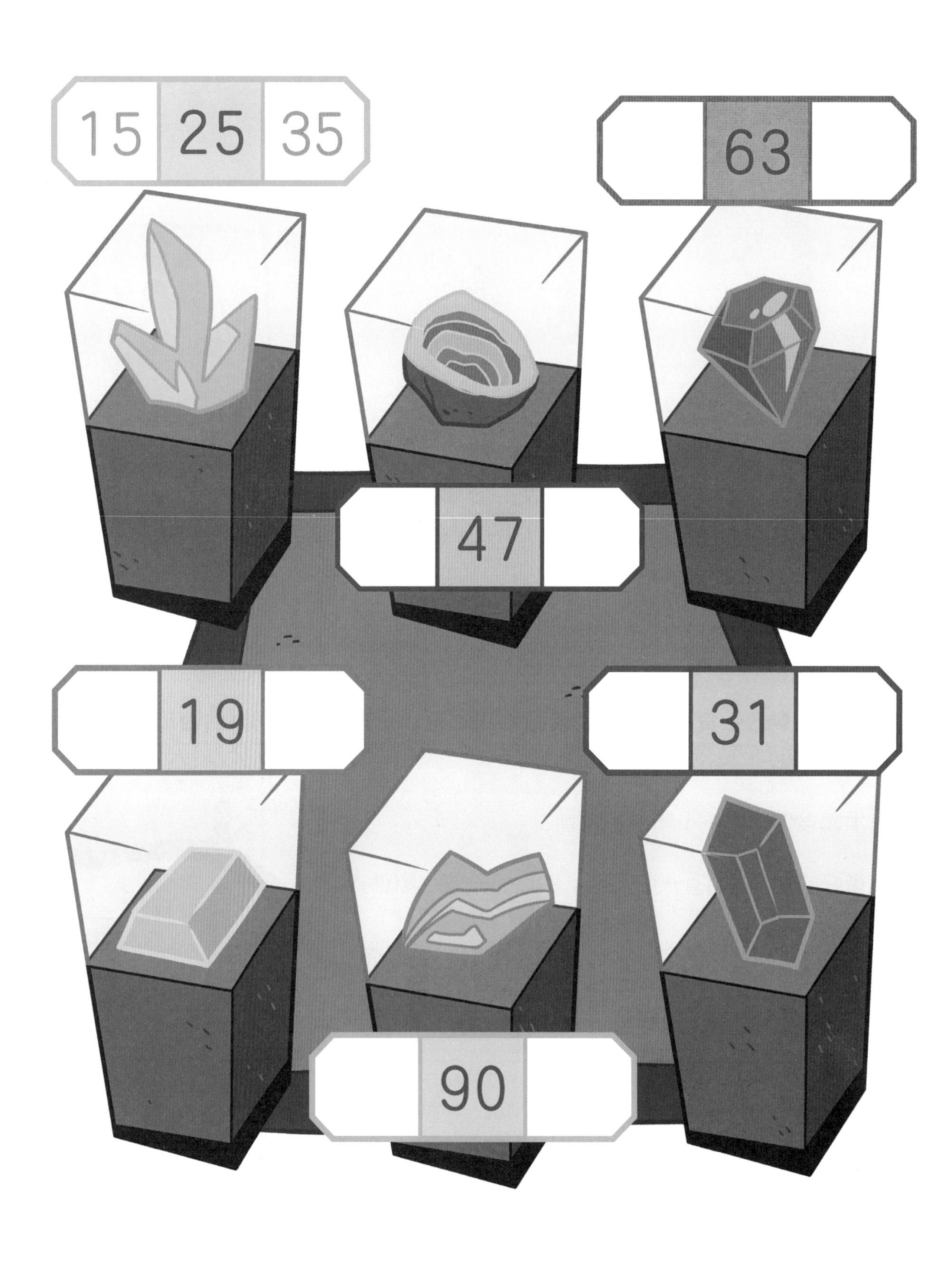

按指示圈出数字。

圈出比46少10的数字。

圈出比17多10的数字。

15

圈出比53少10的数字。

圈出比89多10的数字。

化石盒里的化石按10个一组分好后还余下一些。写出每个化石盒里的化石总数。

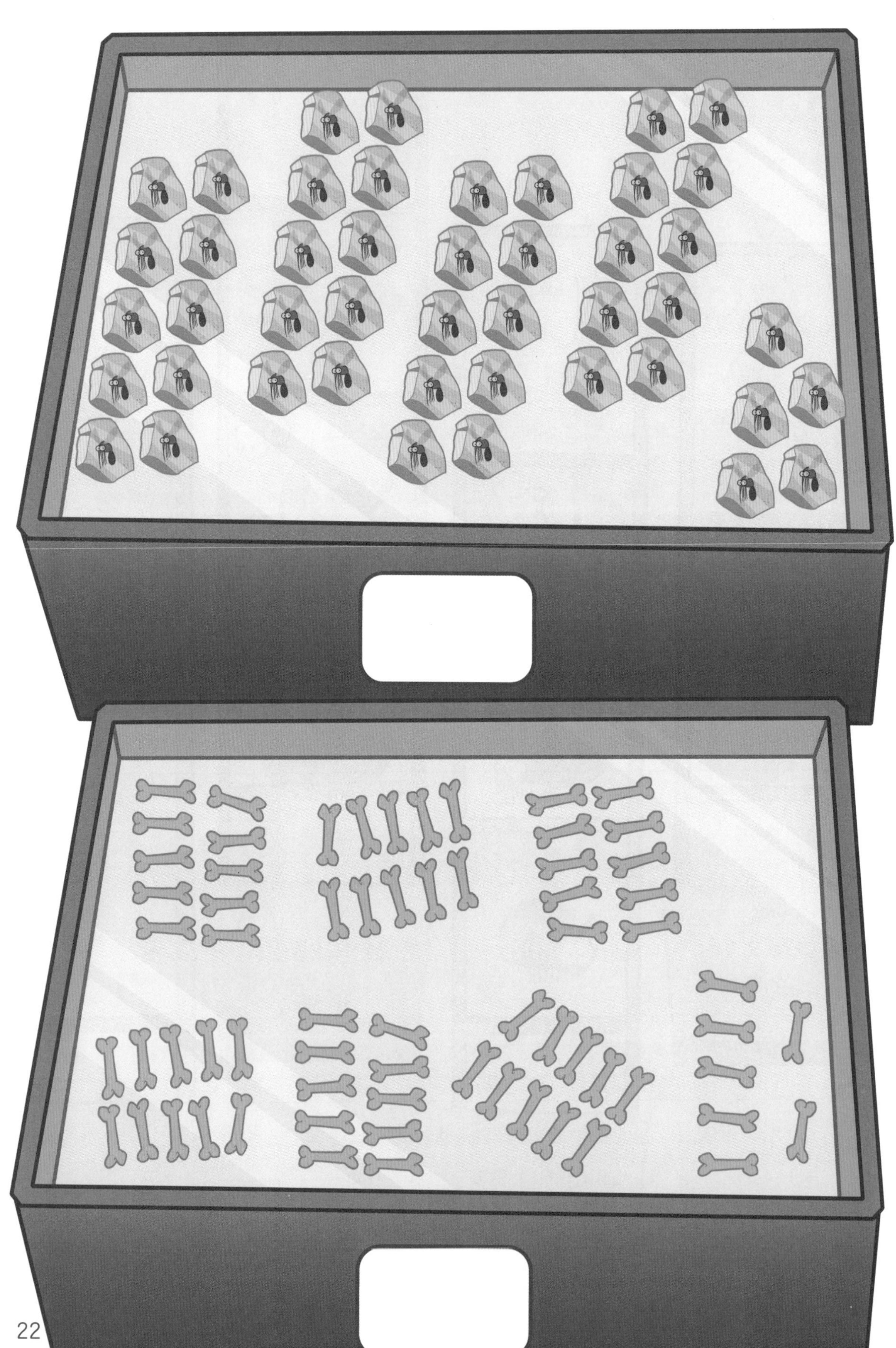

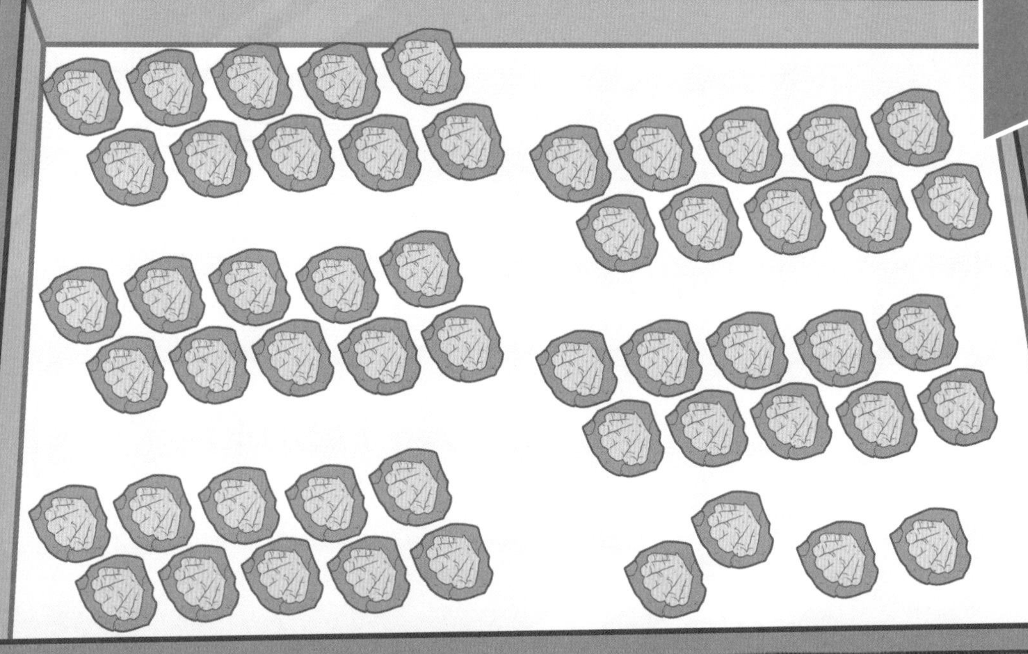

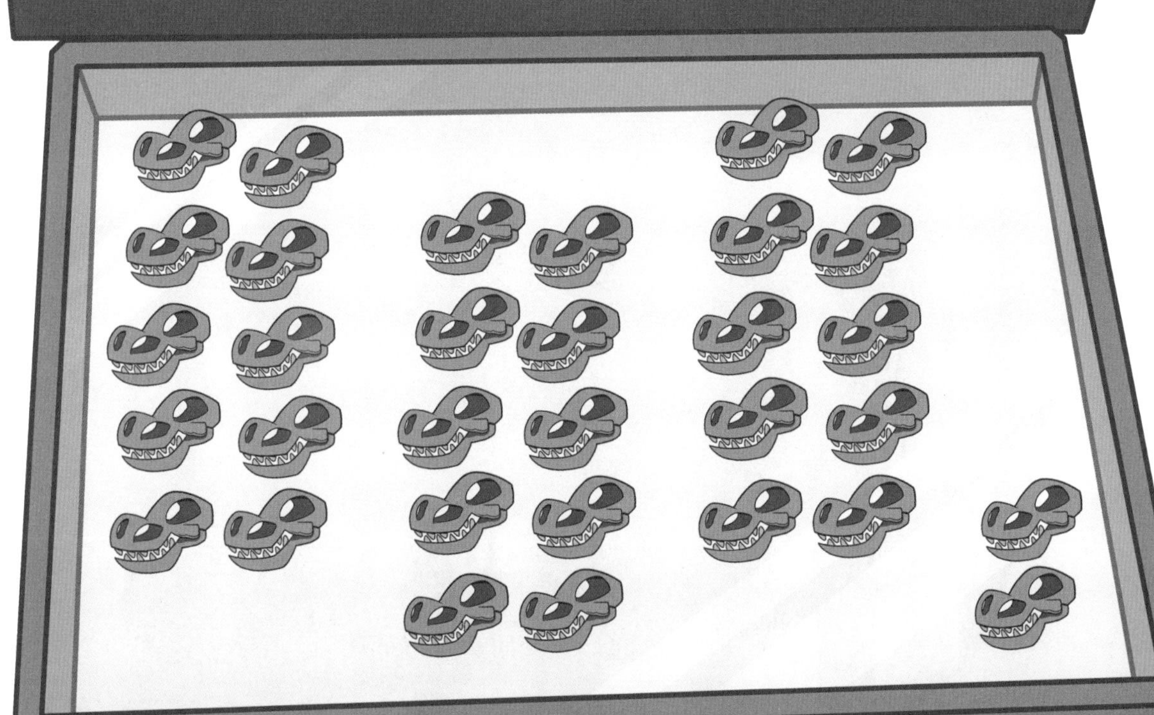

求出下面算式的结果，并根据结果破译石棺上的信息。

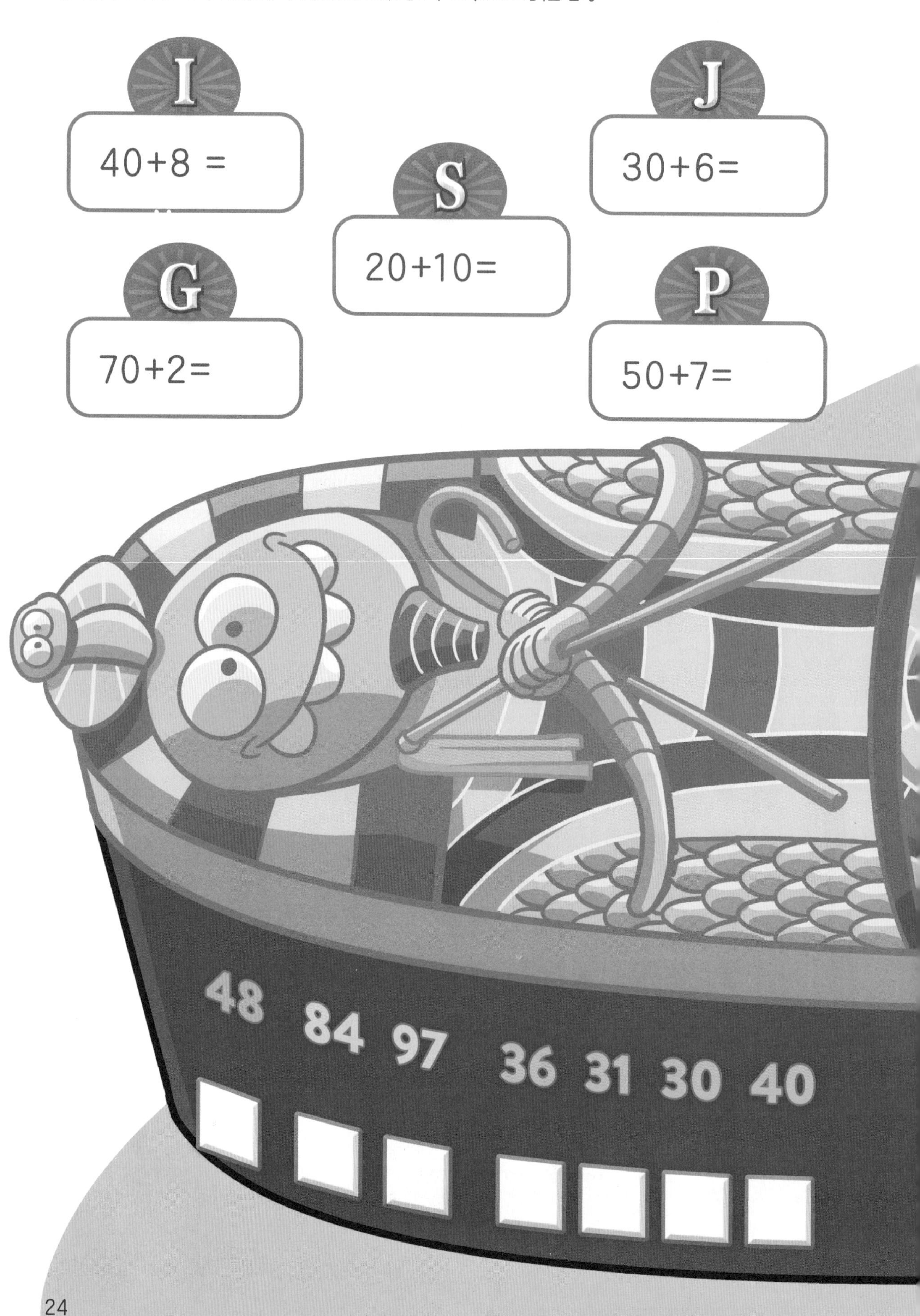

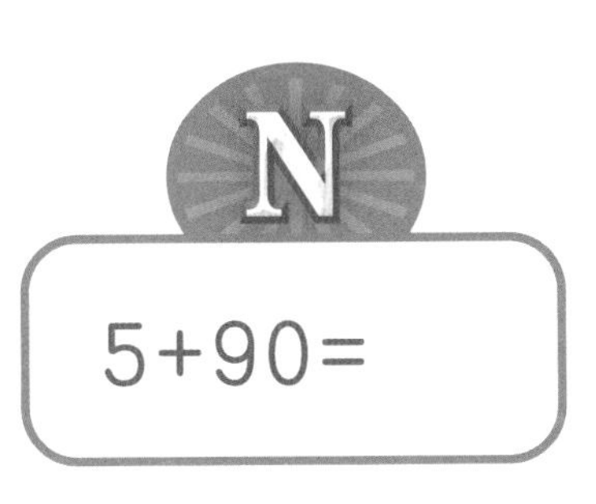

N 5+90=

U 1+30=

A 80+4=

M 90+7=

T 10+30=

95 84 57 57 48 95 72

□□□□□□□

*石棺上的信息为英文，你能猜出它的意思吗？

开始吧！把这些工具和材料找齐。

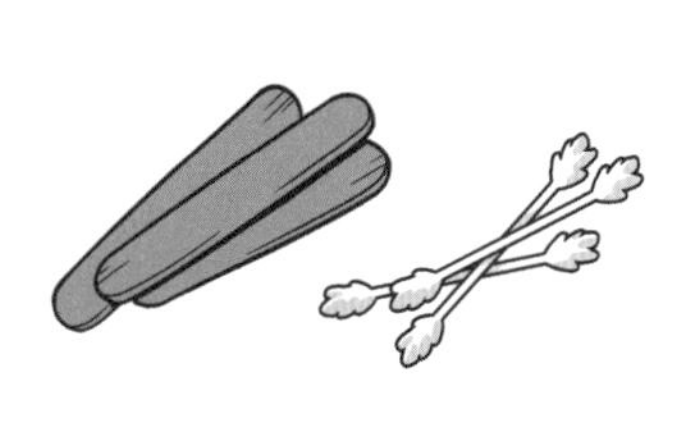
小木棒或棉签

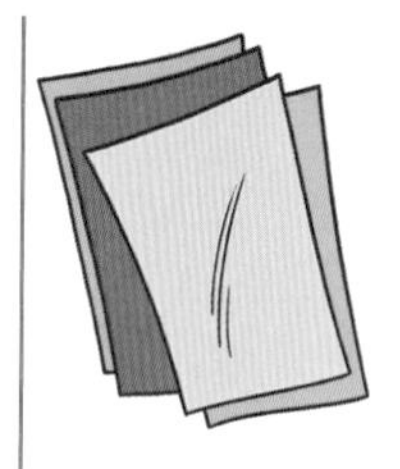
图画纸

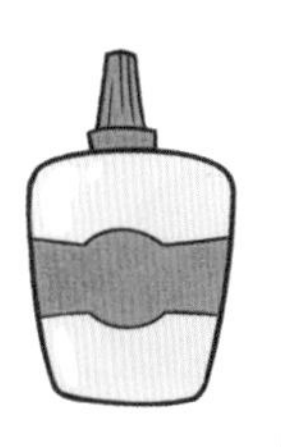
胶水

剪刀（在家长帮助下使用）

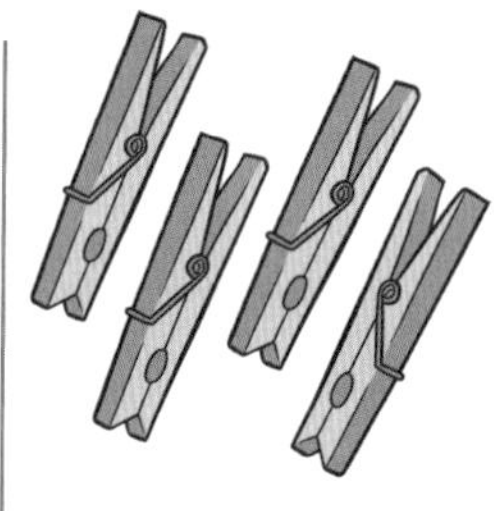
晾衣夹

动动脑！

倒出100根小木棒或棉签。

把它们**分**成4堆，数量分别为10根、20根、30根、40根。

闭上眼，用手指随便**指**向一堆，然后睁开眼，迅速**说**出比这个数字小10和大10的数字。

觉得太简单了吗？那就把几堆物品的数量相加，再迅速说出比它小10和大10的数字。

动动手：恐龙化石！

1. 沿虚线**剪**下恐龙的头骨。

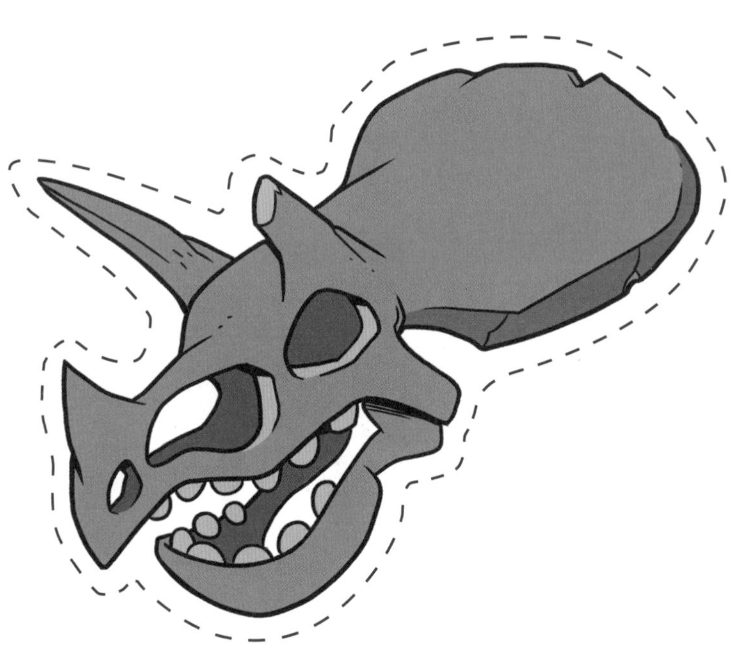

2. 用小木棒或棉签**拼**出恐龙的其他部位，并把它们和恐龙头骨一并粘在图画纸上。

3. 你用了几根小木棒或棉签来**拼**恐龙的腿？用了几根小木棒或棉签来拼恐龙的躯干？用了几根小木棒或棉签来拼恐龙的脖子？一共用了多少小木棒或棉签？

做设计！

小学霸们想去博物馆参观巨型恐龙化石，可今天正好是闭馆的日子！

他们能自己做一具恐龙化石吗？

用小木棒和晾衣夹**制作**一具能够站立的恐龙化石。

数一数你分别用了多少小木棒和晾衣夹。

它们加在一起有多少？

4 数位和减法

看一看下面的数字表，按字迹描出10的倍数，并大声读出每个数字。

1	2	3	4	5	6	7	8	9	10
11	12	13	14	15	16	17	18	19	20
21	22	23	24	25	26	27	28	29	30
31	32	33	34	35	36	37	38	39	40
41	42	43	44	45	46	47	48	49	50
51	52	53	54	55	56	57	58	59	60
61	62	63	64	65	66	67	68	69	70
71	72	73	74	75	76	77	78	79	80
81	82	83	84	85	86	87	88	89	90
91	92	93	94	95	96	97	98	99	100

根据左页的数字表，在下面的白圈里填入缺失的数字。

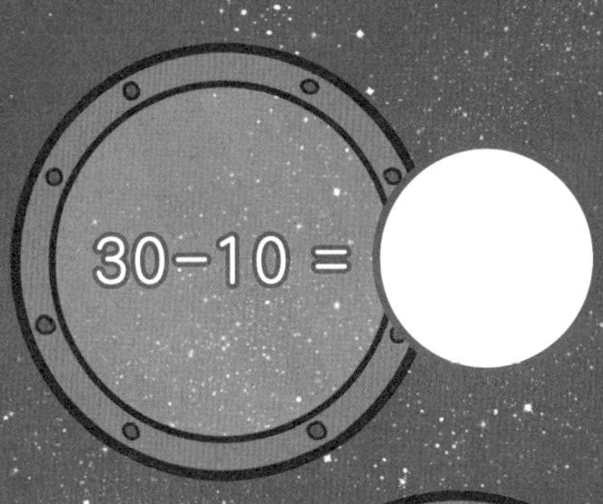

60−40 =

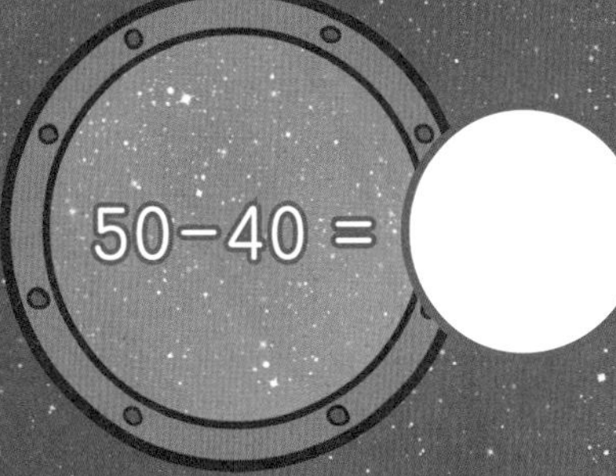

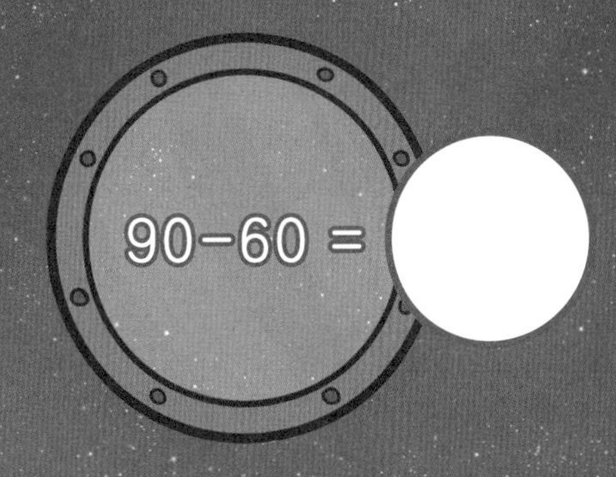

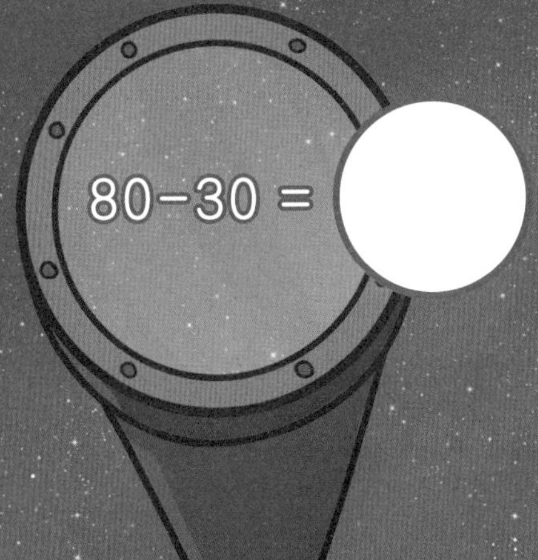

按照从100到0的顺序，把下图中的圆点依次连起来，并圈出10的倍数。

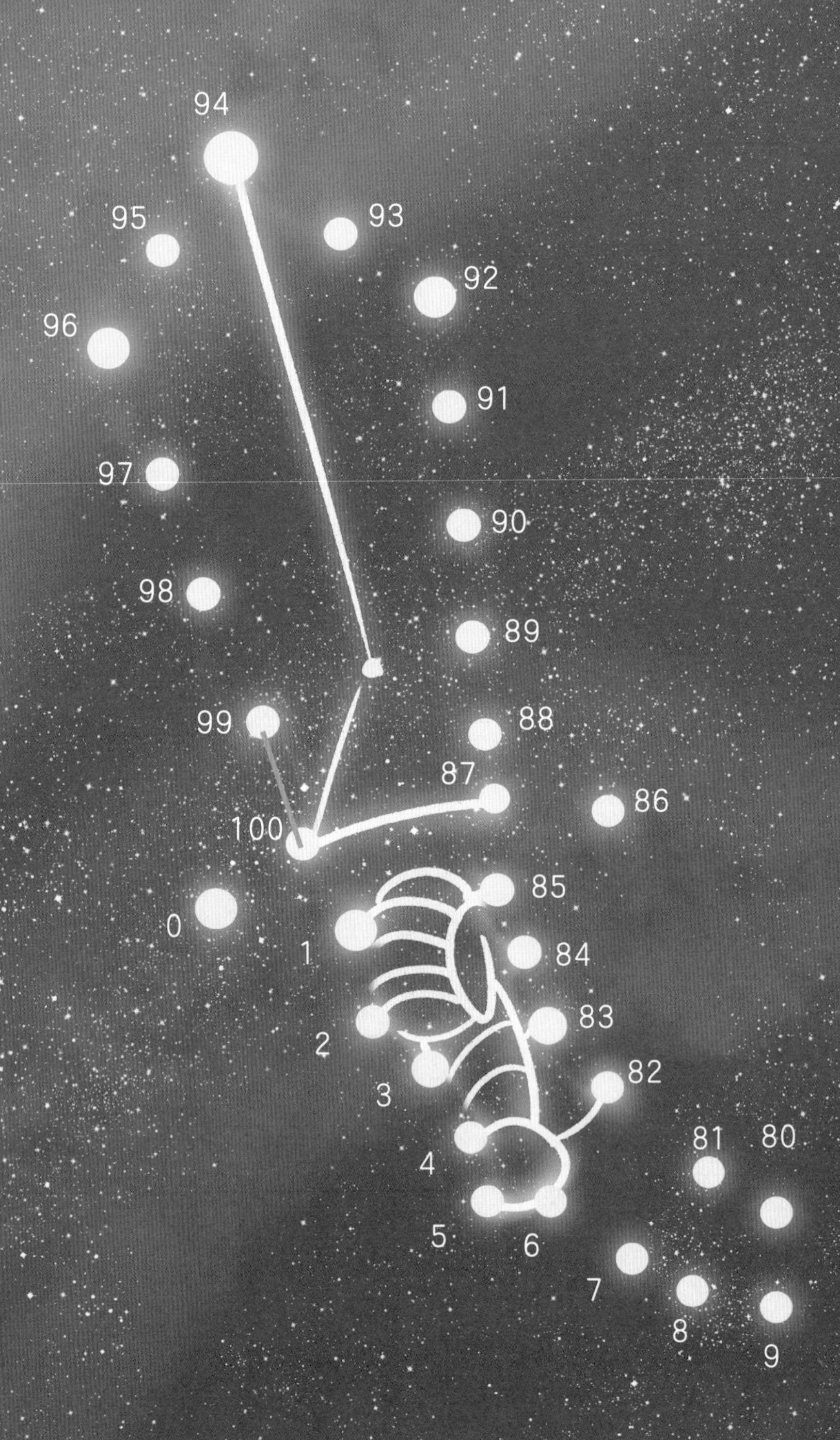

利用下面的方法展示做减法的过程，并求出得数。

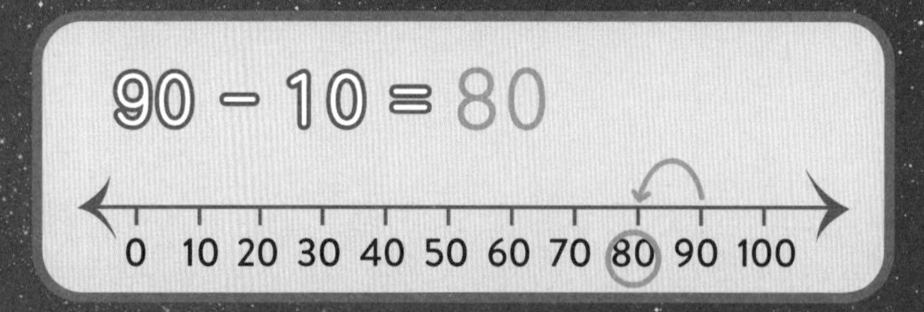

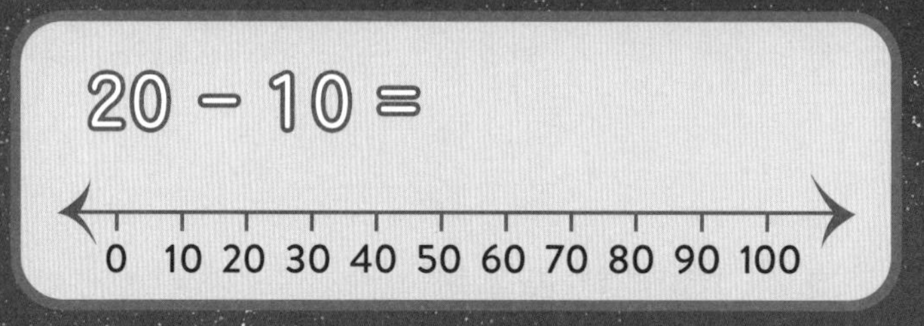

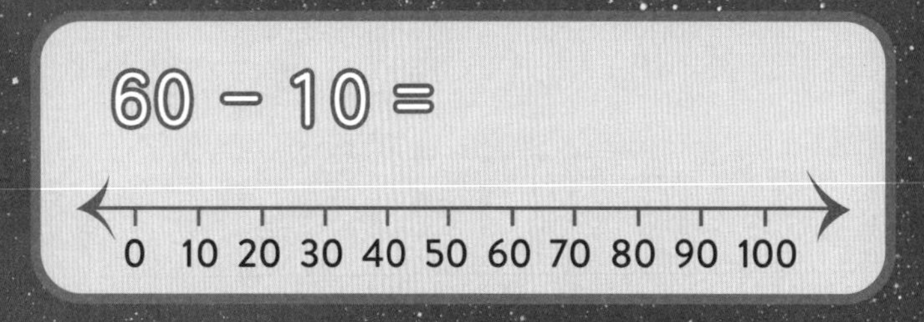

50 − 40 =

0 10 20 30 40 50 60 70 80 90 100

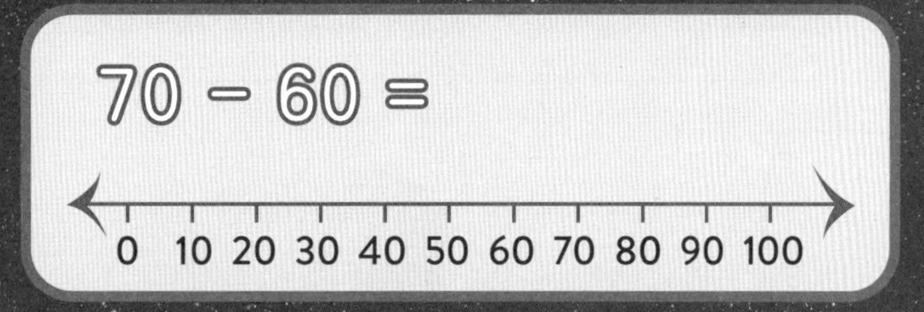

90 − 40 =

0 10 20 30 40 50 60 70 80 90 100

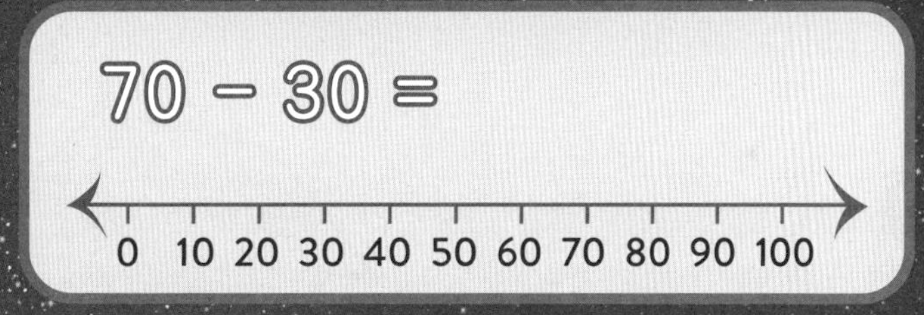

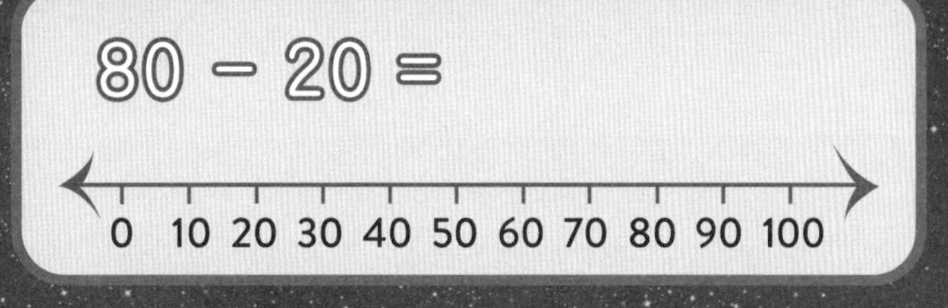

开始吧！把这些工具和材料找齐。

铝箔纸

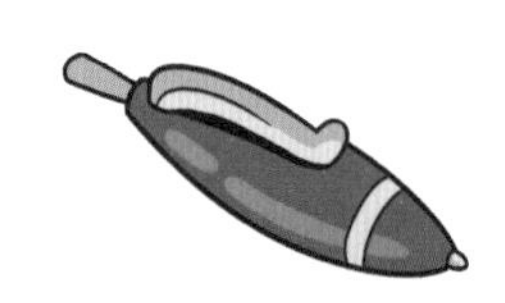
中性笔

剪刀
（在家长帮助下使用）

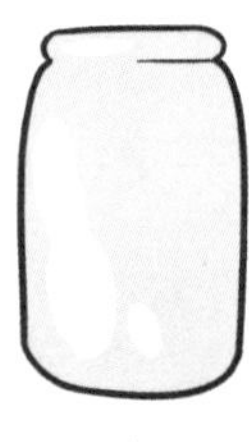
玻璃瓶

手电筒或小灯

动动脑！

用中性笔在铝箔纸上**戳**出50个洞，每10个洞为一组。

用**手**盖住几组，现在还剩几组？不断移动手的位置，看看你能盖住几组，还剩几组。

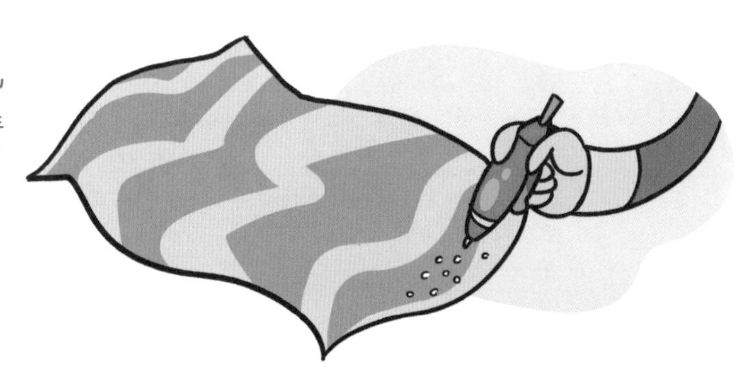

动动手：浪漫星光！

1. **剪**下一条铝箔纸，尺寸要足以将玻璃瓶的内壁覆盖住。

2. 用中性笔在铝箔纸上**戳**洞，按每10个为一组的方式戳90个。

3. 把戳好洞的铝箔纸**铺**在玻璃瓶的内壁上。

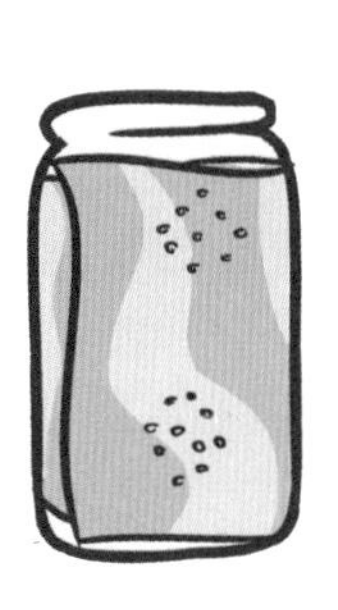

4. 把手电筒或小灯**放**进玻璃瓶，盖上盖子。

5. 关掉房间里的灯，**欣赏**满屋的星光吧！

做设计！

小学霸们想把刚才制作的星光玻璃瓶放在床头当夜灯用，可是光太亮了，他们都没办法睡觉了。

小学霸们该怎么降低星光玻璃瓶的亮度呢？

重新在一张铝箔纸上**戳**小洞，这次只戳70个，然后试验一下星光玻璃瓶的亮度。如果还不行，就尝试做只有50个或20个小洞的星光玻璃瓶。

5 测量和比较长度

把每幅图中最高的小学霸涂成绿色，把最矮的涂成红色，把中等个子的涂成蓝色。

把每幅图中最高的楼涂成绿色，把最矮的涂成红色，把中等高度的涂成蓝色。

用回形针测量下列长度，并回答问题。

5
测量和
比较长度
筒筒学霸
筒筒学霸和扁扁学霸谁的腿更长?
滚滚学霸和条条学霸谁的胳膊更长?
扁扁学霸

圈出下列物品中的一种，并在家里找到它。用这种物品测量右页四种物品的长度，并在下表中记录测量的结果。

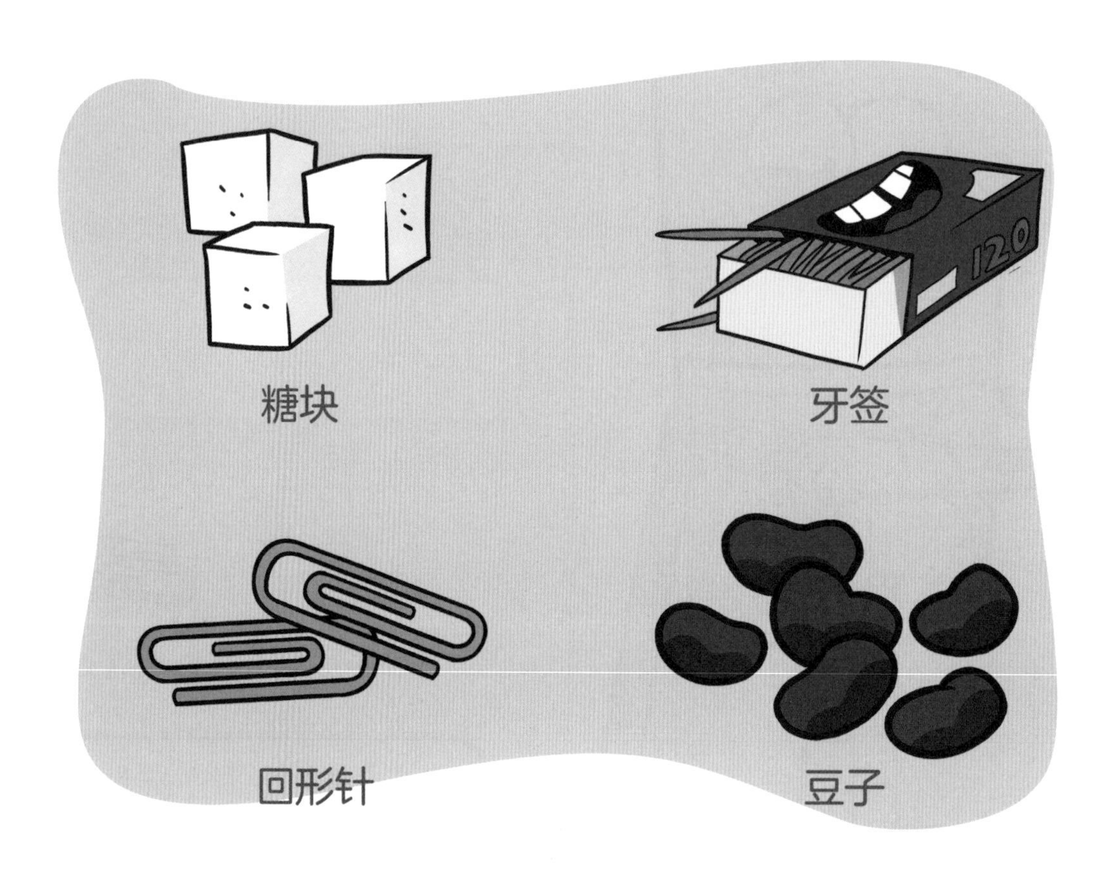

物品	测量结果
铅笔	
勺子	
杯子	
袜子	

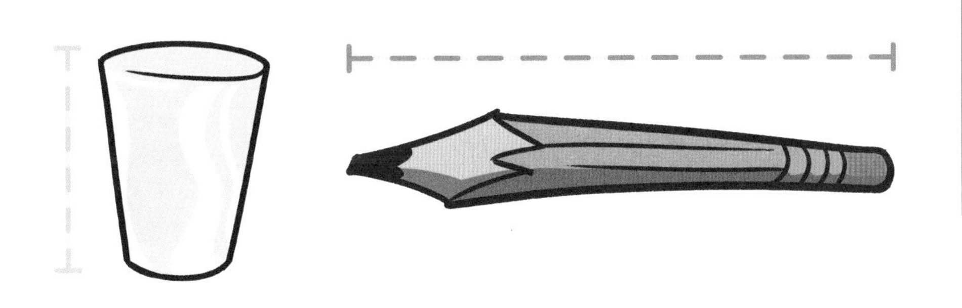

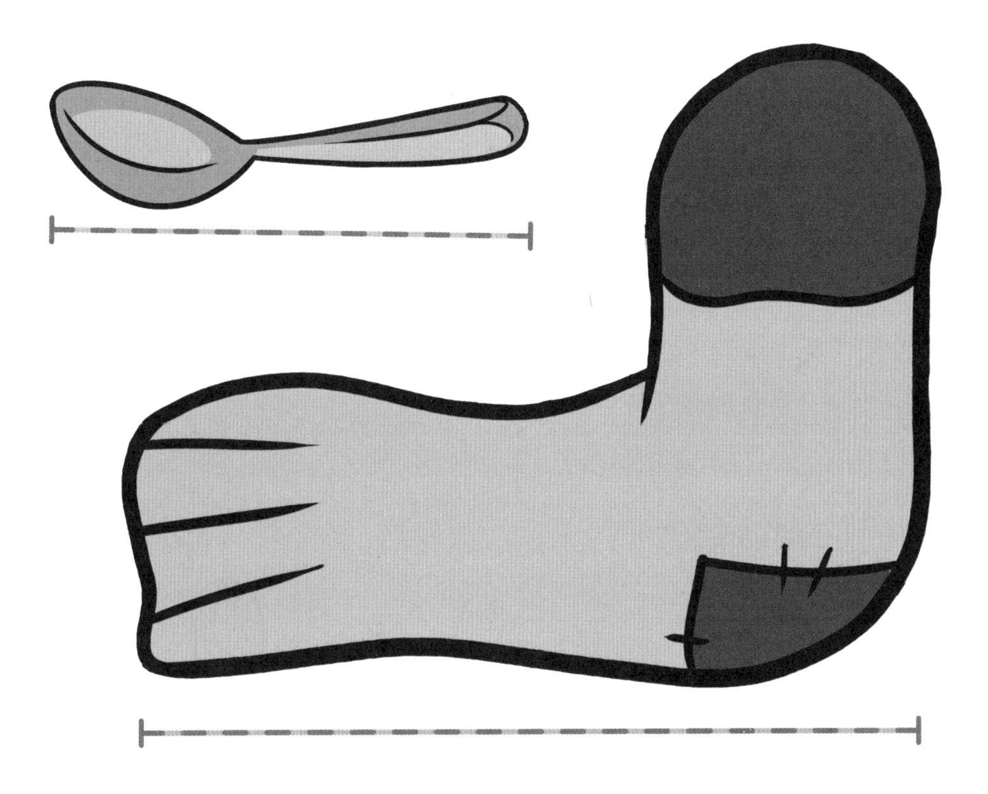

按照从长到短的顺序把上述物品填入表格。

1.	
2.	
3.	
4.	

在家里找到其他你喜欢的物品，测量一下它们的长度！

开始吧！把这些工具和材料找齐。

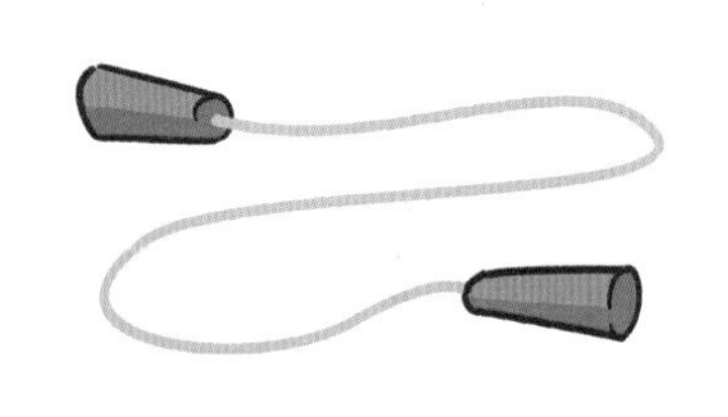

跳绳

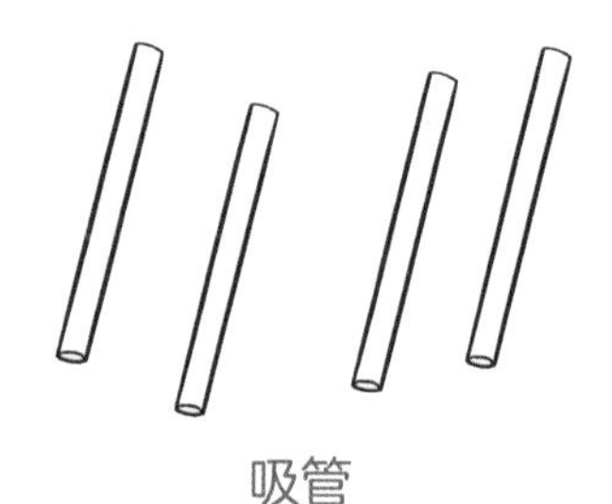

吸管

剪刀
（在家长帮助下使用）

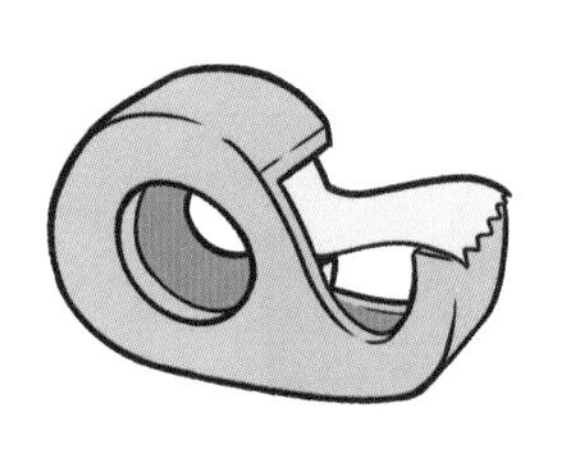

胶带

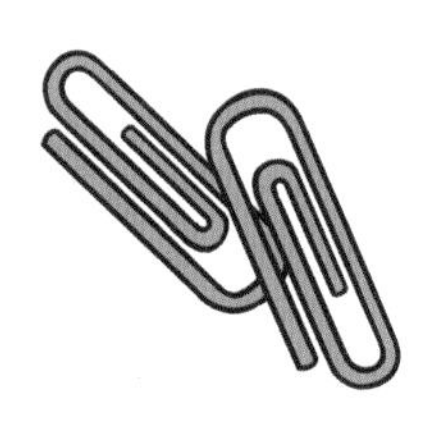

回形针

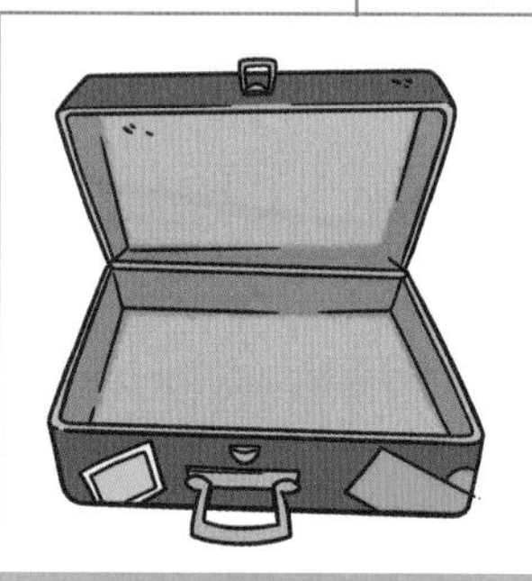

手提箱

动动脑！

把准备好的跳绳**放**在地上或桌上。

把它们按照从短到长的顺序摆放。

你还能在家里找到更短或更长的物品吗？

动动手：吸管口琴！

1. 把吸管**剪**成不同长度的几段。

2. 按从短到长的顺序**摆**好吸管。

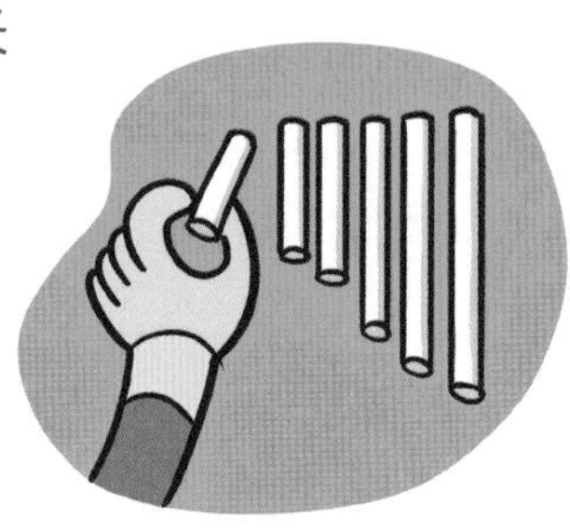

3. 用胶带把摆好的吸管并排**粘**在一起。

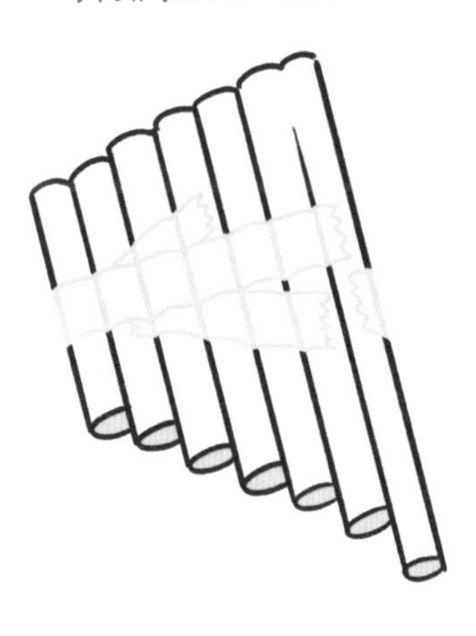

4. 来回**吹**你的吸管口琴，看看能否吹出曲调。

做设计！

角角学霸正在准备度假行李。他想带上泳装、网球拍、玩偶、枕头等。

他该怎么确定手提箱是否可以装下这些物品呢？

用回形针**测量**一下每件物品的长度和宽度，再量量手提箱内部的长度和宽度。

怎样才能把所有物品都装进手提箱里？试着打包，看看你计算得对不对。

项目5：完成！

请领取你的任务贴纸！

参考答案

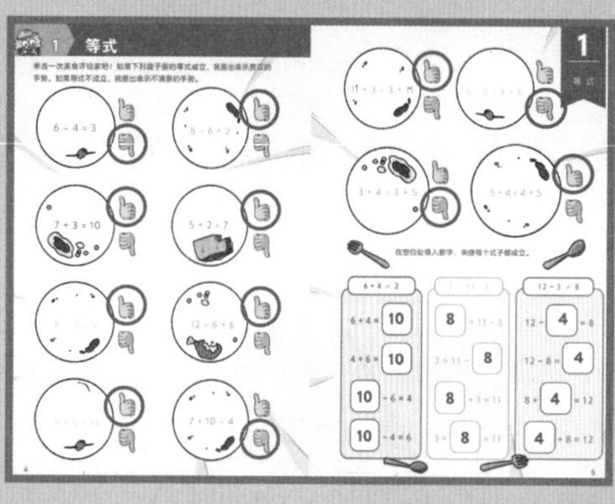

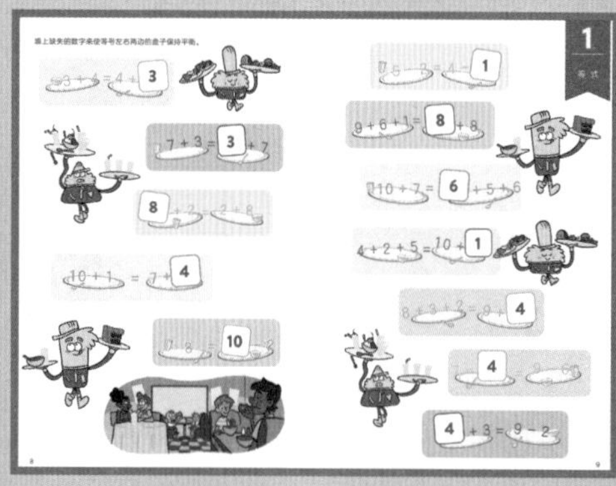

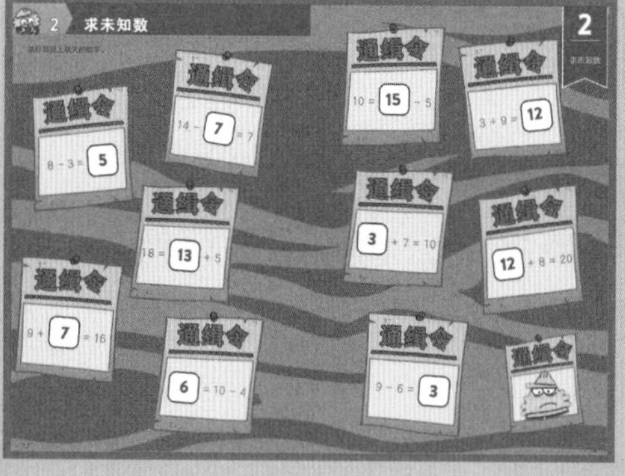

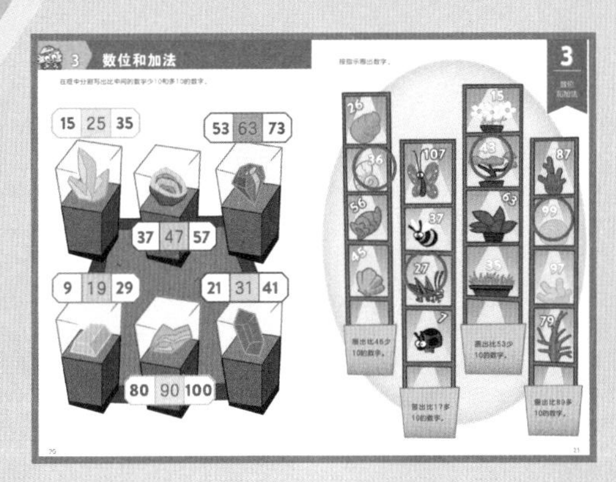
3 数位和加法
15 25 35
53 63 73
37 47 57
9 19 29
21 31 41
80 90 100

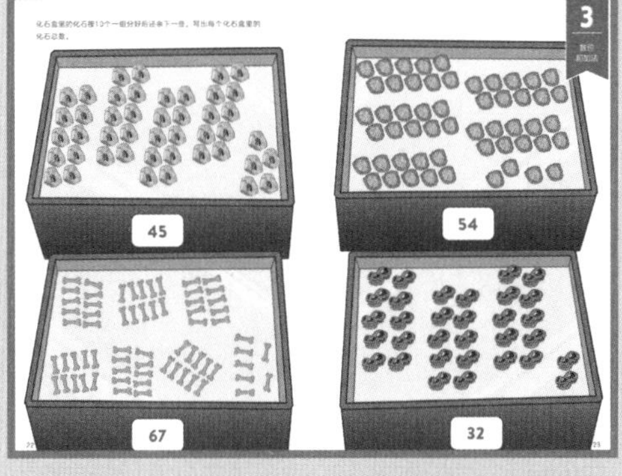
45
54
67
32

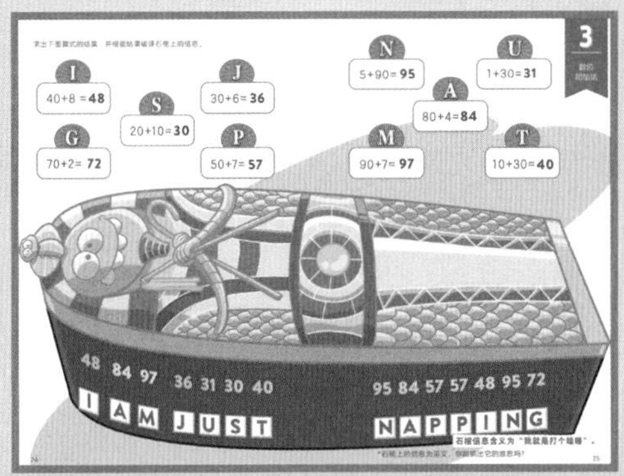
40+8 =48
30+6=36
20+10=30
70+2= 72
50+7=57
5+90=95
1+30=31
80+4=84
90+7=97
10+30=40
48 84 97 36 31 30 40
I AM JUST
95 84 57 57 48 95 72
NAPPING

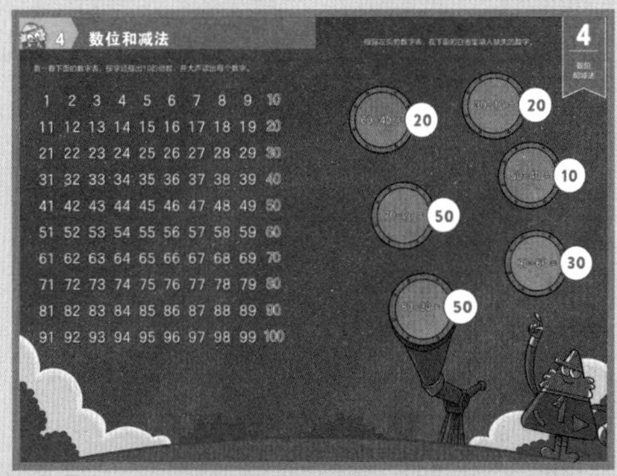
4 数位和减法
1 2 3 4 5 6 7 8 9 10
11 12 13 14 15 16 17 18 19 20
21 22 23 24 25 26 27 28 29 30
31 32 33 34 35 36 37 38 39 40
41 42 43 44 45 46 47 48 49 50
51 52 53 54 55 56 57 58 59 60
61 62 63 64 65 66 67 68 69 70
71 72 73 74 75 76 77 78 79 80
81 82 83 84 85 86 87 88 89 90
91 92 93 94 95 96 97 98 99 100
20
20
10
50
30
50

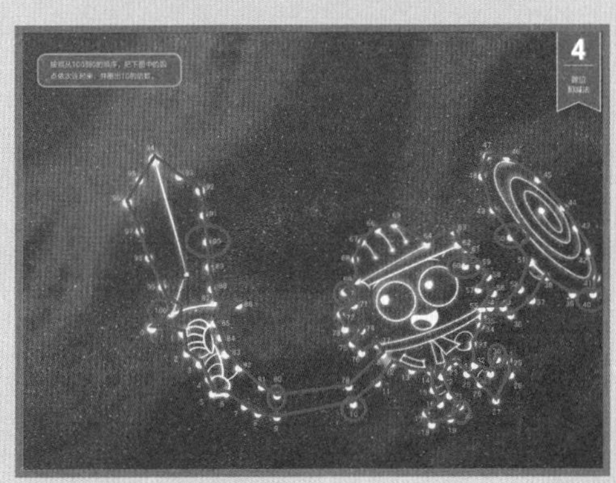

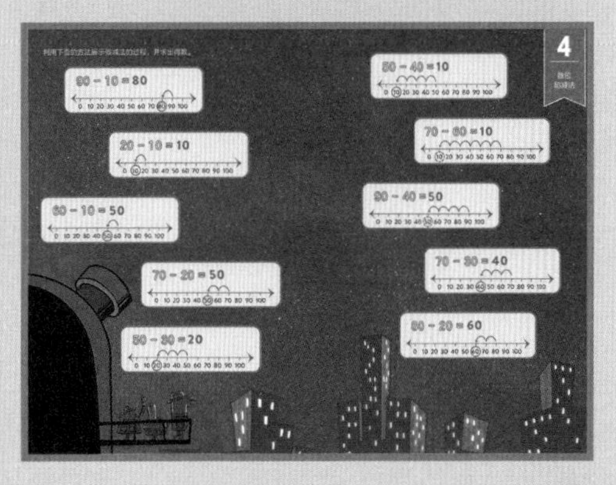

5 测量和比较长度

简简学霸
滚滚学霸
简简学霸
条条学霸

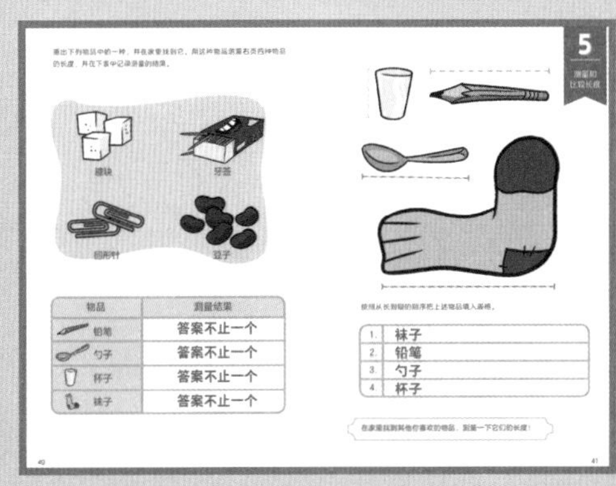
物品
测量结果
铅笔 答案不止一个
勺子 答案不止一个
杯子 答案不止一个
袜子 答案不止一个
1. 袜子
2. 铅笔
3. 勺子
4. 杯子

关于本系列

“麦克米伦轻松小学霸”系列丛书由专业从事儿童教辅图书出版的麦克米伦公司出品。它在美国众多知名教育学家和教师的指导下研发编写而成，适合4—8岁儿童分级阅读。每个孩子都要从ABC和123学起，关键在于如何让他们从中发现乐趣，并具备终身学习的能力。

本系列分为数学、英语、科学三个学科，共包含36个分册，每册包括5个贴近儿童生活的主题。小读者可以在6个小学霸的带领下畅游轻松小镇，并在游戏中培养兴趣、汲取知识、解决问题。

本册《数学 ⑨》简体中文版由北京市海淀区数学学科带头人孟丹老师审订推荐。

麦克米伦轻松小学霸

数学

SHUXUE

⑨

[美] 贾斯汀 · 克拉斯纳　著

[美] 乍得 · 托马斯　绘

陈芳芳　译

桂图登字：20－2020－040

TINKERACTIVE WORKBOOKS：IST GRADE MATH by Justin Krasner，illustrations by Chad Thomas

图书在版编目（CIP）数据

数学 . 9 /（美）贾斯汀 · 克拉斯纳著；（美）乍得 · 托马斯绘；陈芳芳译 .— 南宁：接力出版社，2022.9
（麦克米伦轻松小学霸）
书名原文：TinkerActive Math 1 Grade
ISBN 978-7-5448-7528-8

Ⅰ. ①数… Ⅱ. ①贾…②乍…③陈… Ⅲ. ①数学－儿童读物 Ⅳ. ① O1-49

中国版本图书馆 CIP 数据核字（2022）第 002595 号

目　录

1 认识时间

用线把表示相同时间的钟表连起来。

1
认识时间

1:30

8:30

5:30

2:30

4:30

12:30

按照故事内容在钟表表盘上画出时间，并把句子填写完整。

点点学霸每天早晨6:30起床，7:00吃早饭，8:00去上学，10:30上她喜欢的科学课。她在中午12:00和朋友一起吃饭，下午3:00踢足球，傍晚5:00和家人一起吃饭，晚上7:30上床睡觉。

点点学霸起床的时间是

早晨 ____ : ______ 。

点点学霸吃早饭的时间是早晨 ___ : ______ 。

点点学霸去上学的时间是早晨 ___ : ______ 。

点点学霸上科学课的时间是

早晨 _____ : ______ 。

点点学霸吃午饭的时间是中午 ____：______ 。

点点学霸踢足球的时间是

下午___：______ 。

点点学霸吃晚饭的时间是下午 ___：______ 。

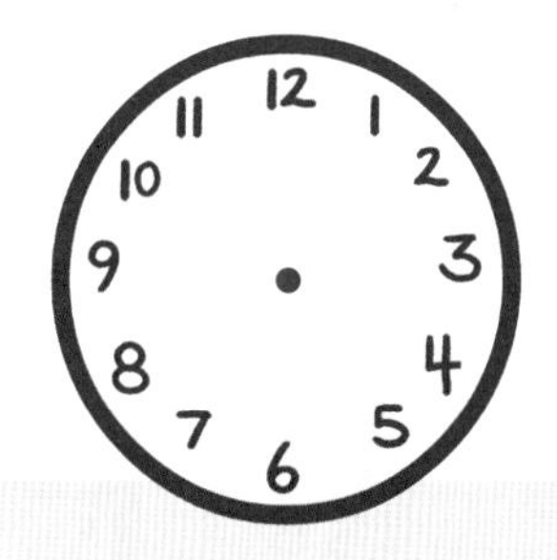

点点学霸睡觉的时间是

晚上___：______ 。

写出每个时钟上显示的时间。

写出每个时钟上显示的时间。

开始吧！把这些工具和材料找齐。

时钟或手表

蜡笔或记号笔

白纸

硬纸盒和图画纸

剪刀
（在家长帮助下使用）

打孔器
（在家长帮助下使用）

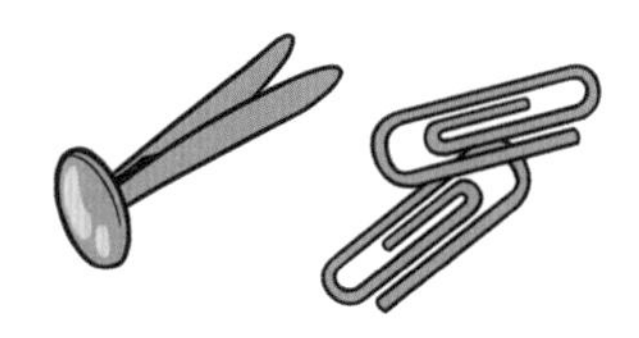

扣钉或回形针

动动脑！

像点点学霸一样**记录**你每天的时间安排。先**写**出起床的时间，再写出每种活动或课程的时间，最后写出上床睡觉的时间。

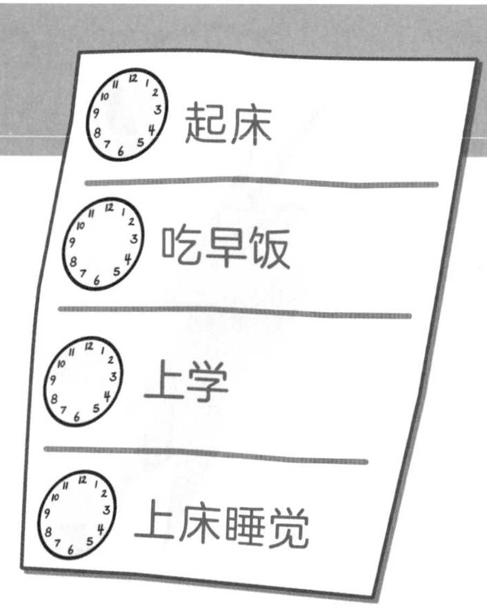

动动手：硬纸板时钟！

1. 从硬纸盒和图画纸上**剪**下一个圆片和两根不同长度的长条，这样你就有了表盘和指针。

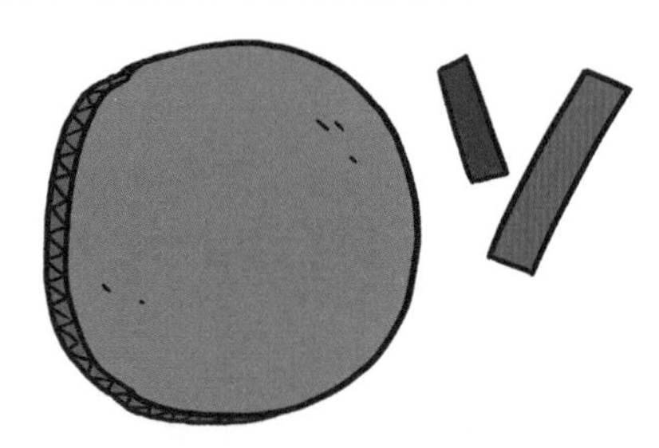

2. 在表盘中央以及两根指针的其中一端**打孔**。

3. 用扣钉或回形针把指针**固定**在表盘上。

4. 在表盘上**写**好数字1到12，并**装饰**一下你的时钟。

5. **拨动**指针，让时钟显示出几个你喜欢的时间。

做设计！

今天轻松小镇要举办纸飞机大赛！去年，扁扁学霸花了不到6分钟就折完了纸飞机！今年，她想打破自己的纪录。

她该怎么做呢？

用时钟来**计算**你折好纸飞机的时间。在你开始折纸飞机时读一次表，在折完时再读一次表，看看一共花费了几分钟。

花费的时间比6分钟短吗？如果没有的话，就尝试一下别的折飞机方式。这次花费了多长时间？扁扁学霸能完成她的目标吗？

项目1：完成！
请领取你的任务贴纸！

2 数据

轻松小镇要开运动会啦！用画正字的方式数每支啦啦队的人数，然后写出总数。

啦啦队	画正字计数	总数
蓝队	正正正正	20
红队		

再数一下带喇叭和不带喇叭的小学霸数量，并写出总数。

小学霸	画正字计数	总数
带喇叭的小学霸		
不带喇叭的小学霸		

在动员大会上，小学霸们已经穿好了各项比赛的运动服。
用画正字的方式数出三项运动的参赛选手人数。

运动项目	画正字计数
棒球	
篮球	
橄榄球	

参照上页图表回答下列问题。

这里有几名篮球选手?	
这里有几名橄榄球选手?	
这里有几名棒球选手?	
篮球选手比棒球选手多几个?	
这里一共有多少选手?	
哪个运动项目的选手最多?	

问问家人或朋友他们最喜爱什么运动项目，然后制作一张表格吧！其中有多少人喜爱篮球、橄榄球或棒球呢？有没有喜欢其他运动项目的呢？

记录一下小学霸们吃小吃的情况，然后根据图表回答问题。

小　吃	画正字计数	总数
比萨饼		
玉米脆饼		
小脆饼干		

有几个小学霸正在吃小吃?	
有几个小学霸正在吃玉米脆饼?	
正在吃比萨饼的比吃小脆饼干的多几个?	
吃比萨饼和玉米脆饼的小学霸一共有几个?	
最受欢迎的小吃是什么?	
最不受欢迎的小吃是什么?	
哪两种小吃一共有12个小学霸在吃?	

开始吧！把这些工具和材料找齐。

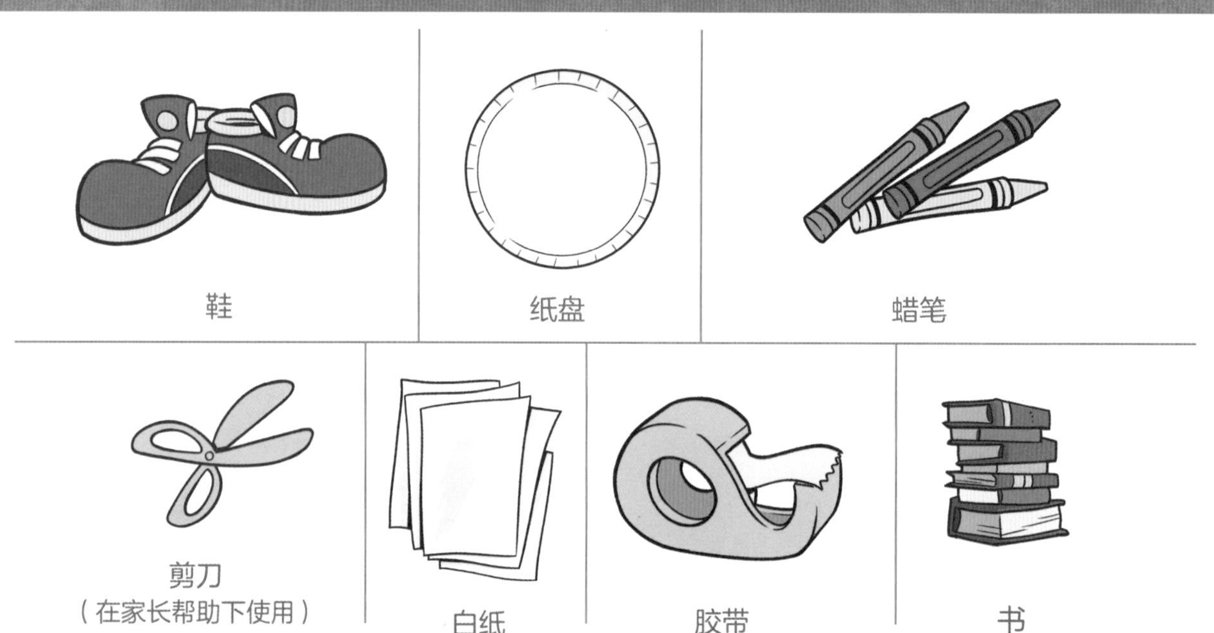

动动脑！

找出家里的鞋子，并把它们**分**成3组。你是怎么分组的？是根据颜色、尺寸，还是根据适穿的季节呢？每组有几双鞋？

换一种方式分组。现在每组有几双鞋？你还能想到什么其他的分组方式吗？

动动手：天气转盘！

1. 把纸盘**分**成5等份，用蜡笔画出分隔线。

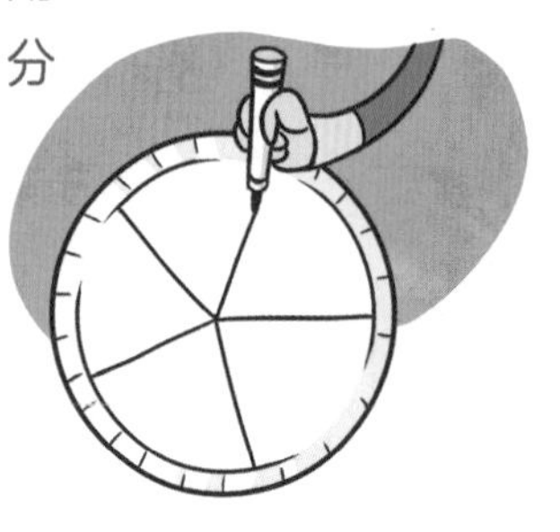

2. 分别在这5个区域里**画**出表示不同天气的符号，比如晴天、多云、雨天、刮风和下雪。

3. 从纸上**剪**下一个箭头。

4. 把箭头**指**向表示今天天气的区域，并**粘**好箭头。

5. 坚持**记录**一周，并在周日时统计每种天气的天数。

做设计！

点点学霸喜欢看书，买回来的书越来越多。现在书柜里一团糟，她每次找书都特别费劲。

她该怎样整理自己的书柜，才能快捷地找到想看的书呢？

看看你家有什么书，然后想一种给书**分类**的方法。

你最喜欢哪些书？是关于动物或运动的吗？还是某位知名作家写的文学作品呢？

把你家的书分成3类，并数出每类书的总数。

项目2：完成！
请领取你的任务贴纸！

根据指示给营地涂色。
涂涂图形
绿色
红色
蓝色
橙色
黄色

圈出封闭图形，划掉开放图形。然后画一个封闭图形的星座和一个开放图形的星座。

根据下面的提示，给星座中的不同图形涂上颜色。

涂涂图形

没有角的图形：蓝色

有3条边的图形：棕色

有4条边的图形：橙色

回答下列问题，画出图形，并写出它们的名称。

我没有角。
我有可能是什么图形？

____

我有3条边和3个角。
我有可能是什么图形？

____

我有4条边和4个角。
我有可能是什么图形？

____

我有6条边和6个角。
我有可能是什么图形？

____

根据关于立体图形的介绍，把正确的词语或数字填入下文。

把正确的词填在横线上。

弯曲的	三角形	长方体	
球体	圆柱体	三棱锥	6

为了给点点学霸过生日，小学霸们准备一起去露营！点点学霸带了一本书，打算在篝火边阅读。这本书的形状近似一个________，有________个面。

角角学霸带了最爱的番茄罐头，打算中午吃掉它。这个罐头盒的形状近似________，和马克杯的形状类似。

午饭后，小学霸们一起打棒球。棒球棍类似一个圆柱体，而棒球的形状近似________。棒球和棒球棍的边缘是________。扁扁学霸击出了全垒打！

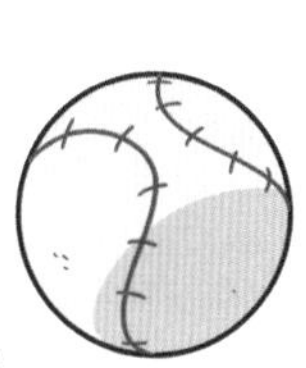

晚上，小学霸们睡在帐篷里。帐篷的形状近似________。从侧面看，帐篷的形状近似________。

睡觉之前，他们一起欣赏美丽的星空。月亮近似半球形，点点学霸甚至看到了流星！她过了一个很开心的生日！

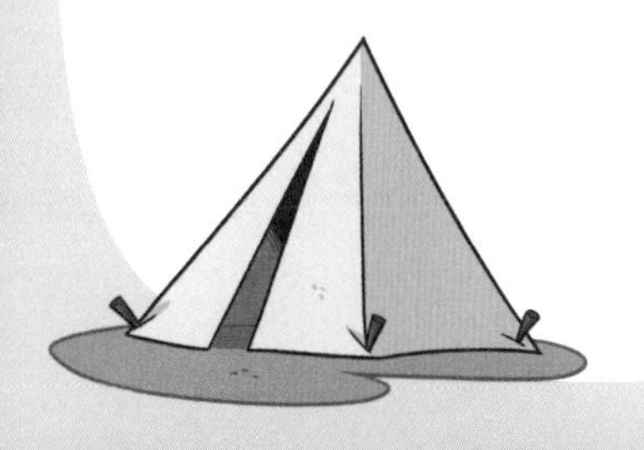

开始吧！把这些工具和材料找齐。

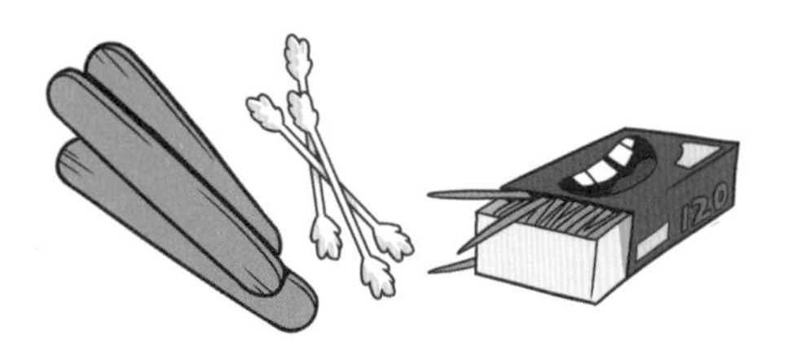

小木棒、棉签或牙签

棉花糖

图画纸

剪刀
（在家长帮助下使用）

胶带

动动脑！

在你家里溜达一圈，看看你能**找**到哪些图形。

数一数每种图形有多少。某一种图形是否比其他的多？为什么？

动动手：木棒拼图！

1. 用小木棒、棉签或牙签**摆**出2个封闭图形，给每个图形**起名**，并**描述**一下它们的样子。它们分别具有怎样的性质？

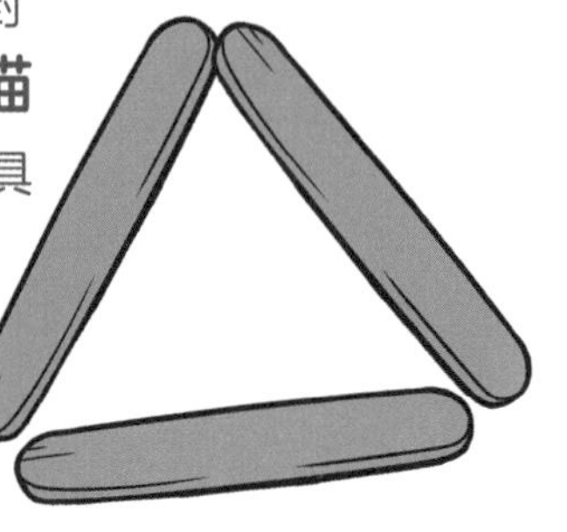

2. 用棉花糖把你摆出的图形**粘**在一起，**做**出一个立体图形。这是什么图形？**描述**一下它的性质。

做设计！

扁扁学霸和滚滚学霸在设计一座建筑，她们想以一种立体图形为基础，把它们堆叠在一起。

扁扁学霸和滚滚学霸选哪种图形最好？

从图画纸上**剪**下15张同样大的纸条。试着用一种方法**折叠**、**粘**好，并把这15个立体图形**堆叠**起来。重复一遍上面的步骤，但要用另一种立体图形来搭出建筑物。

将不同的物品放在你建造的两座建筑物上，看看哪个更结实。

项目3：完成！
请领取你的任务贴纸！

4 图形的组合

把右侧这些图形组合起来后画在下面，来为轻松小镇创建一个新的街区。

正方形 菱形 半圆形 梯形

三角形 圆形 扇形 六边形 长方形

银行

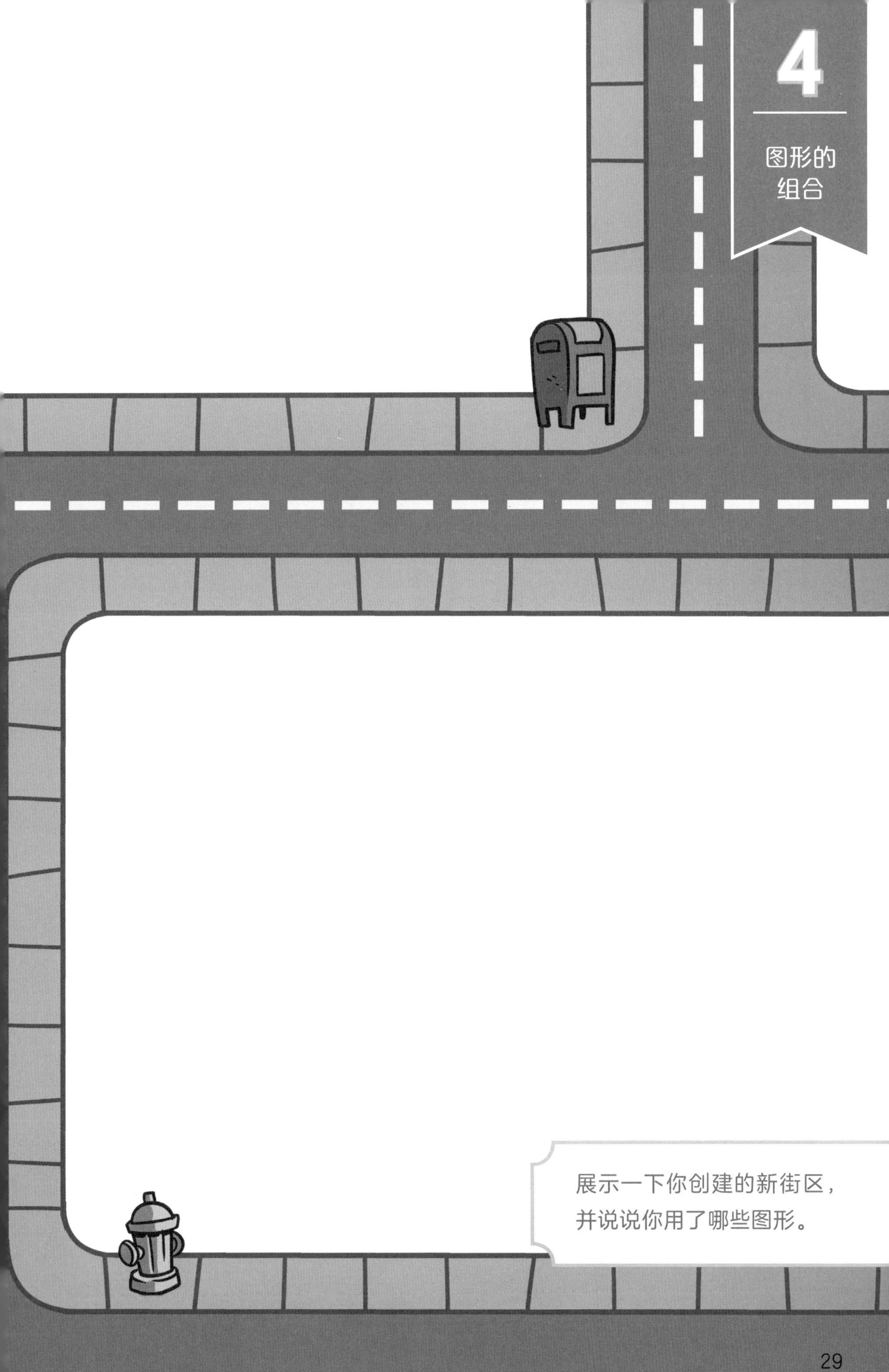
4
图形的
组合
展示一下你创建的新街区，
并说说你用了哪些图形。

按要求画出图形组合。

画出由2个正方形组成的长方形。

画出由2个长方形组成的正方形。

画出由4个正方形组成的正方形。

画出由2个半圆形组成的圆形。

画出由2个扇形组成的半圆形。

画出由4个扇形组成的圆形。

画出由2个三角形组成的菱形。

画出由3个三角形组成的梯形。

画出由6个三角形组成的六边形。

画出由1个六边形和3个三角形组成的三角形。

下面较大的图形是由多少个较小的图形组成的？
把每个区域涂成不同的颜色，并回答问题。

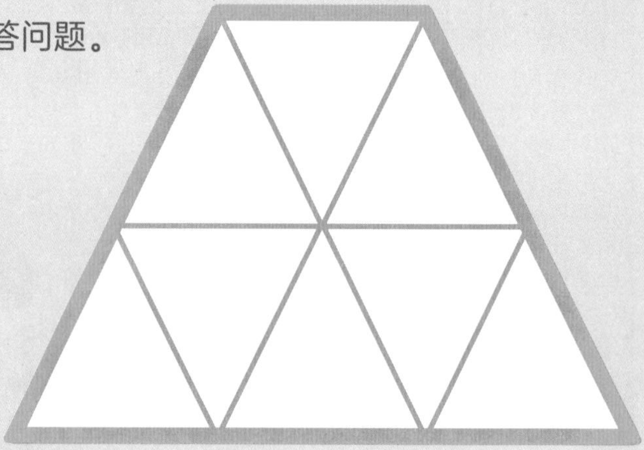

大梯形是由几个小三角形组成的？

____

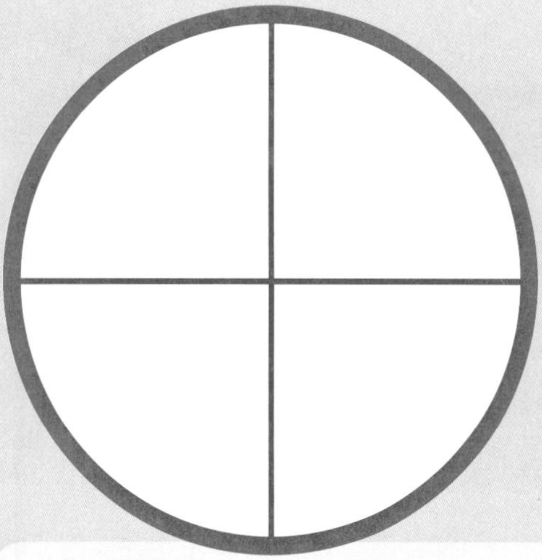

大圆是由几个小扇形组成的？

____

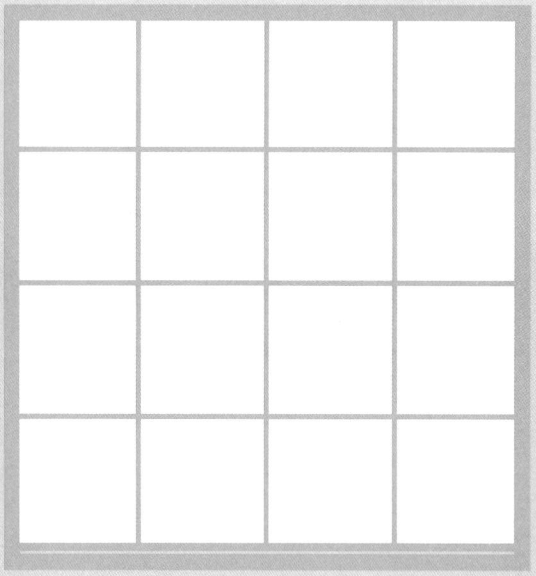

大的正方形是由几个最小的正方形组成的？

____

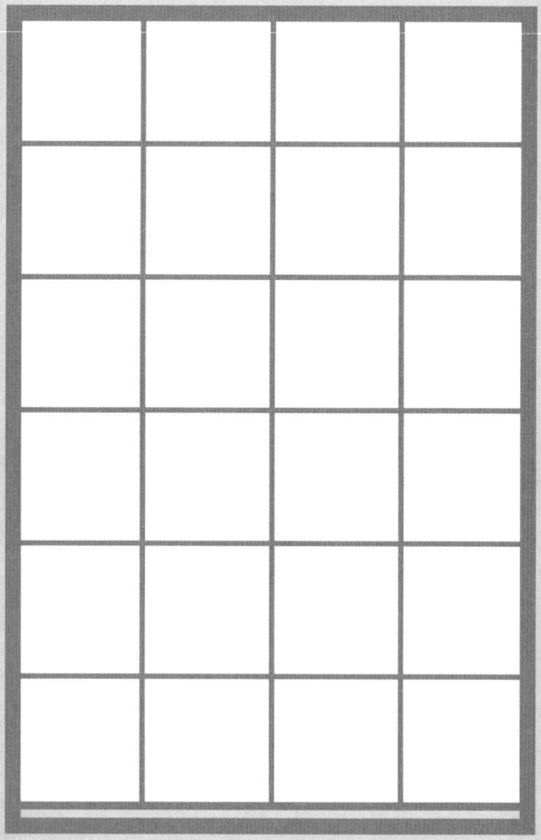

大的长方形是由几个最小的正方形组成的？

____

利用下面的立体图形来建大楼。

圆柱体　长方体　正方体　圆锥

开始吧！把这些工具和材料找齐。

剪刀
（在家长帮助下使用）

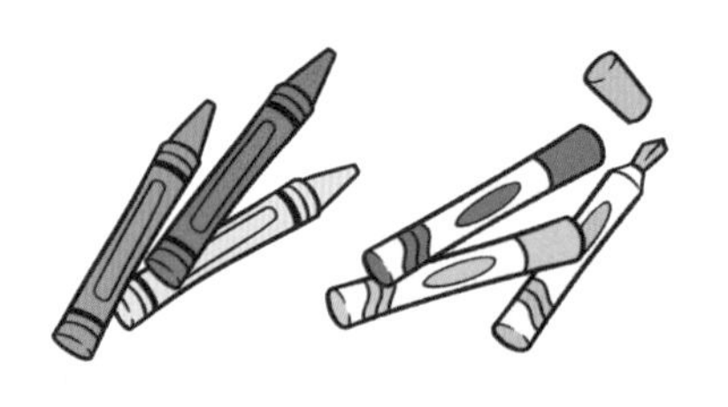

蜡笔或记号笔

白纸

硬纸箱

卫生纸筒

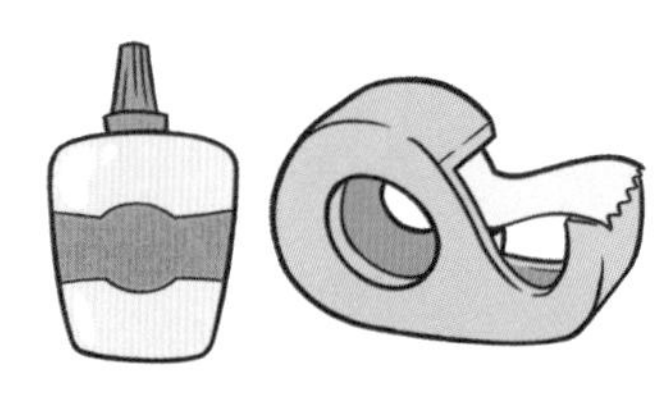

胶水或胶带

动动脑！

把下面的图形**剪**下来，用各种方式**排列组合**，形成一幅图画。

动动手：玩具城堡！

1. **画**出你喜爱的玩具城堡的样子。

2. 为了**建**出立体的城堡，你需要哪些立体图形？看看准备好的物品是否能达成你的设计。

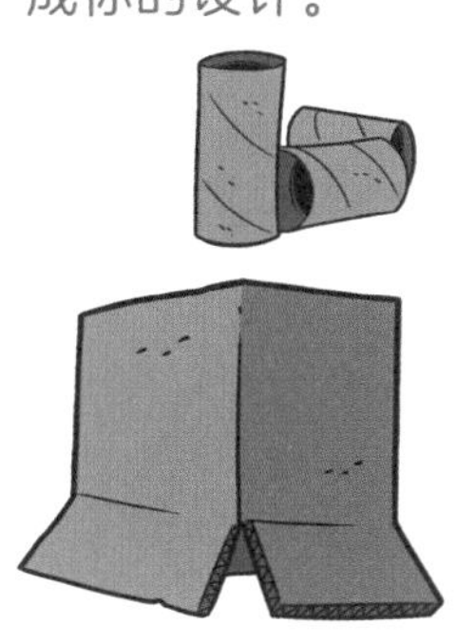

3. 开始**建造**！

做设计！

小学霸们正在轻松小镇里建造玩具城堡。点点学霸选择在森林里建造。角角学霸选择在海滩上建造。筒筒学霸选择在小岛上建造，他想让朋友们来他的城堡玩耍。

筒筒学霸该怎样让朋友们顺利过河呢？

用不同的立体图形**搭**一座桥。用哪种立体图形搭的桥最结实？怎样做才能让桥稳固地架在水面上？

把桥和你刚搭建好的玩具城堡**连接**起来。

项目4：完成！
请领取你的任务贴纸！

5 图形的分割

画一条线来把下图中的篮子一分为二。

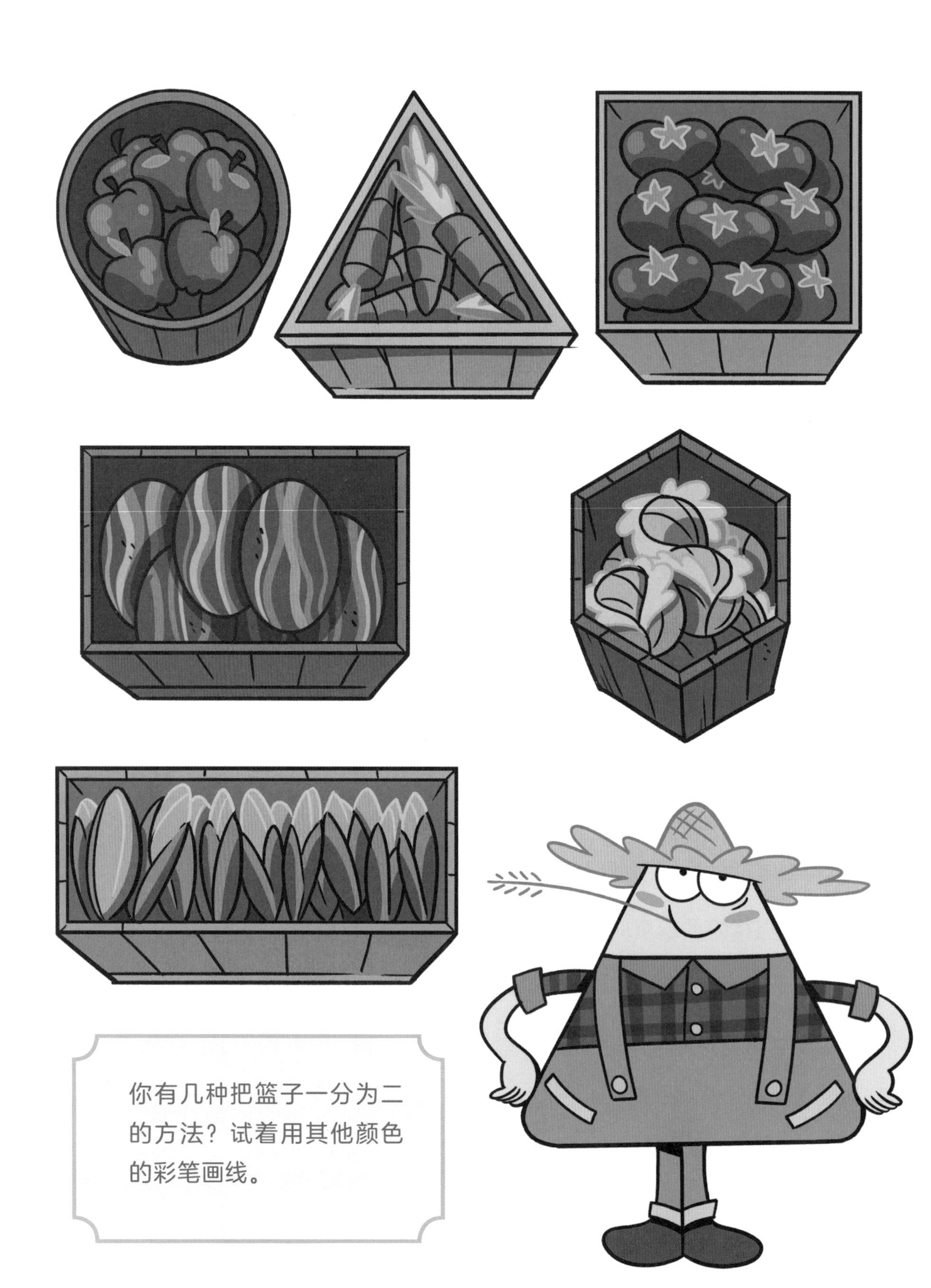

你有几种把篮子一分为二的方法？试着用其他颜色的彩笔画线。

滚滚学霸想把她的一些物品平均分割。
把平均分割了的物品圈出来。

画两条线来把下面的图形平均分成四份。

能否用三条线把上面的图形平均分成四份？试着用其他颜色的彩笔画线。

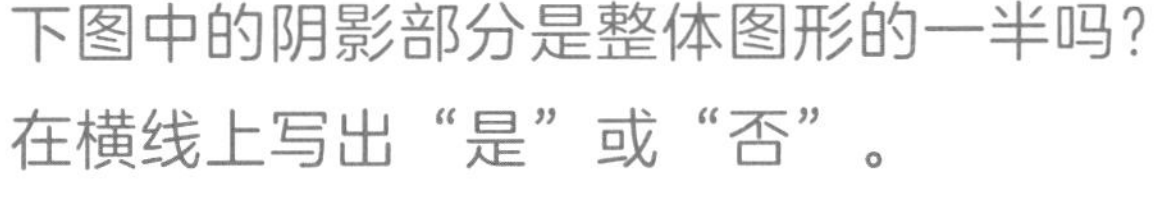
下图中的阴影部分是整体图形的一半吗？
在横线上写出“是”或“否”。

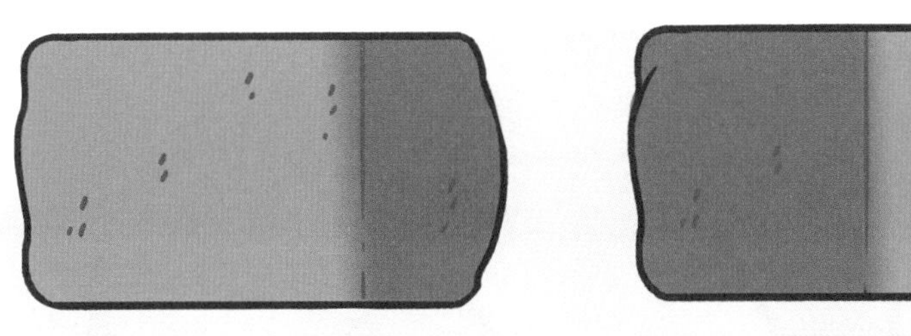

用涂色的方式把下面的图形分成两等份，并描述一下各部分的性质。

用涂色的方式把下面的图形分成四等份，并描述一下各部分的性质。
分割后的图形是原来的一半还是四分之一呢？在横线上写出来。

开始吧！把这些工具和材料找齐。

剪刀
（在家长帮助下使用）

蜡笔或记号笔

图画纸

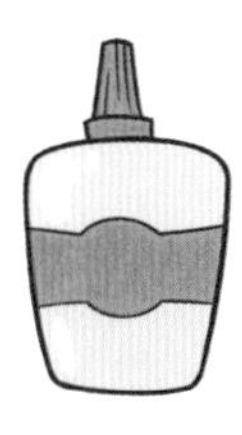
胶水

动动脑！

小学霸甜品店里还剩三种蛋糕。把下面的蛋糕**剪**下来，并平均**分**成几份。你有几个朋友和你一起享用？需要把蛋糕分成两等份还是四等份？

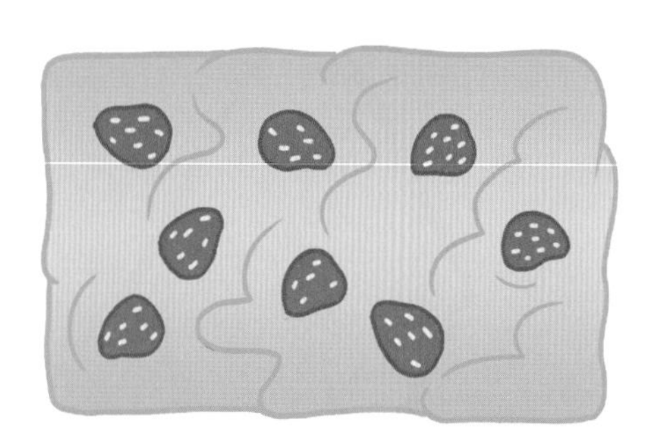

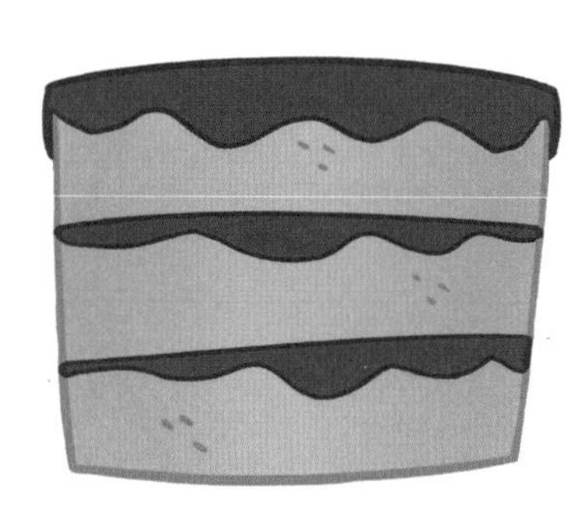

动动手：图形自画像！

1. 把下面的图形**剪**下来。

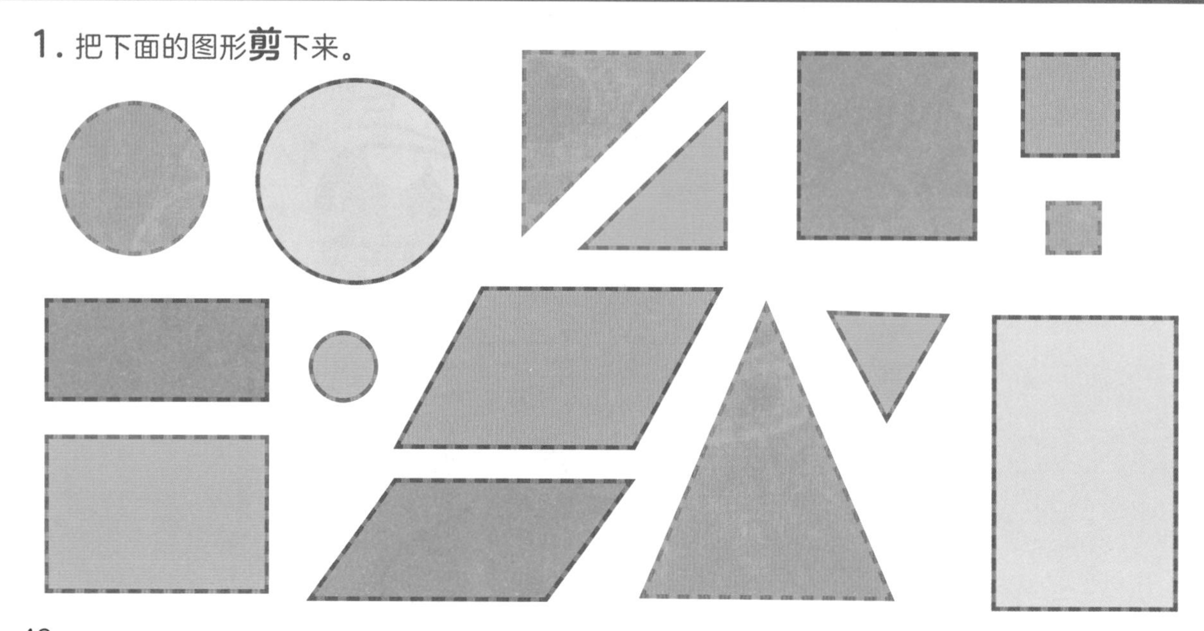

2. 把这些图形**剪**成两等份或四等份。

3. 用各种方式**排列组合**成你的自画像，并用胶水把它**粘**在纸上。

做设计！

小学霸很喜欢农场里的比萨饼摊位，因为他们可以在那里动手制作出想要的比萨饼！他们6个人想做一个能够平均分成6份的大比萨饼，这样每个人就能吃到一样多的馅料。

小学霸们该怎么制作比萨饼和摆放馅料呢？

画一个代表比萨饼的大大的圆，然后用一种方法把它**分**成六等份。使用贴纸上的图案当馅料，注意要让六份比萨饼上的馅料一样多。

参考答案

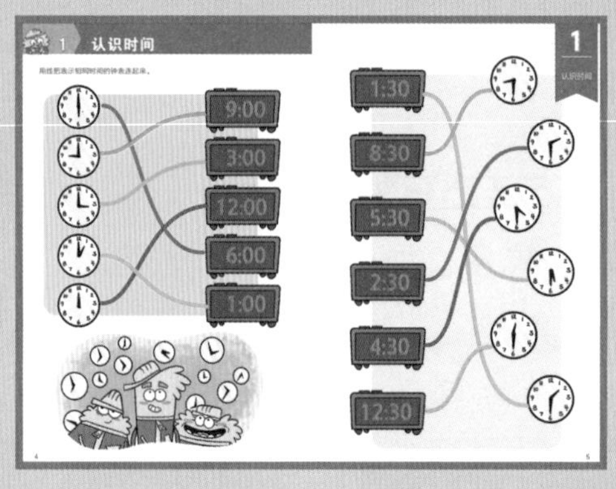
1 认识时间
9:00
3:00
12:00
6:00
1:00
1:30
8:30
5:30
2:30
4:30
12:30

12:00
6:30
3:00
7:00
5:00
8:00
10:30
7:30

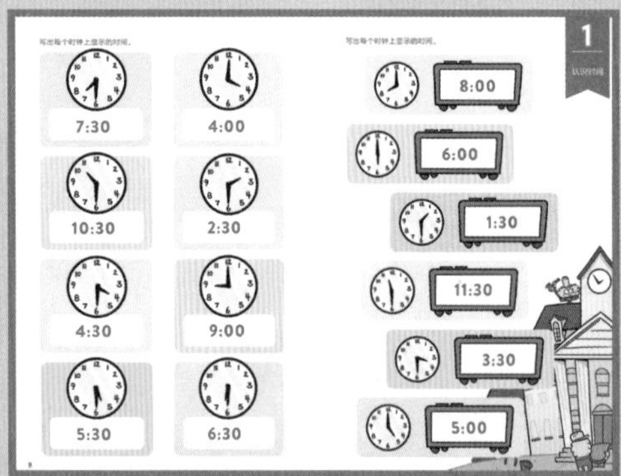
7:30
4:00
10:30
2:30
4:30
9:00
5:30
6:30
8:00
6:00
1:30
11:30
3:30
5:00

2 数据
啦啦队 画正字计数 总数
蓝队 正正正正 20
红队 正正正 15
小学霸 画正字计数 总数
带喇叭的小学霸 正正丁 12
不带喇叭的小学霸 正正正正下 23
35

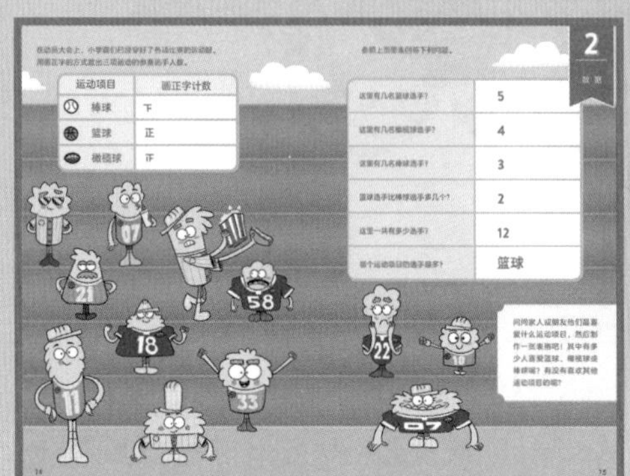
运动项目 画正字计数
棒球 下
篮球 正
橄榄球 正
5
4
3
2
12
篮球

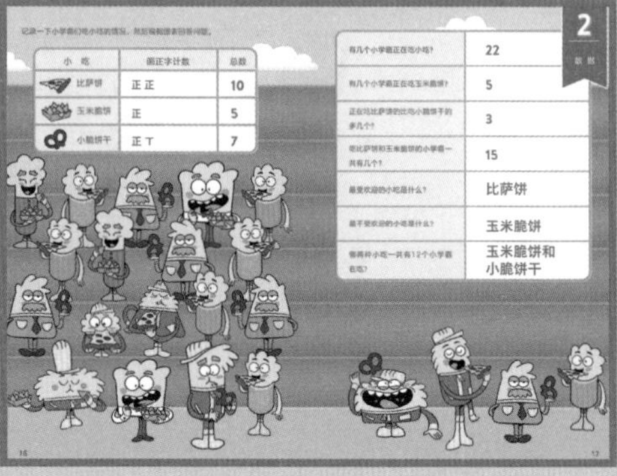
小吃 画正字计数 总数
比萨饼 正正 10
玉米脆饼 正 5
小脆饼干 正丁 7
22
5
3
15
比萨饼
玉米脆饼
玉米脆饼和
小脆饼干

3 图形
涂涂图形

涂涂图形

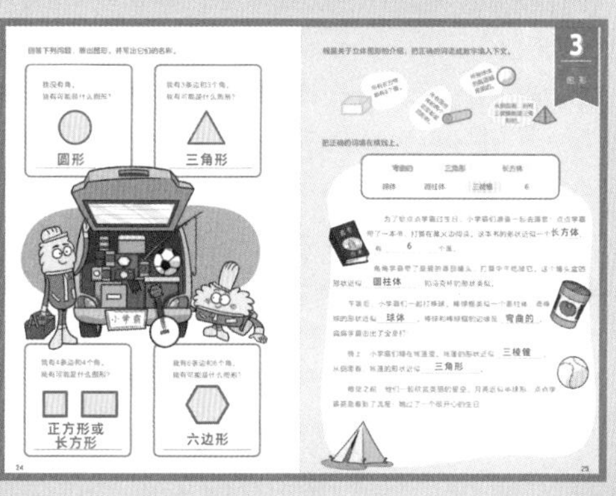
圆形
三角形
正方形或
长方形
六边形

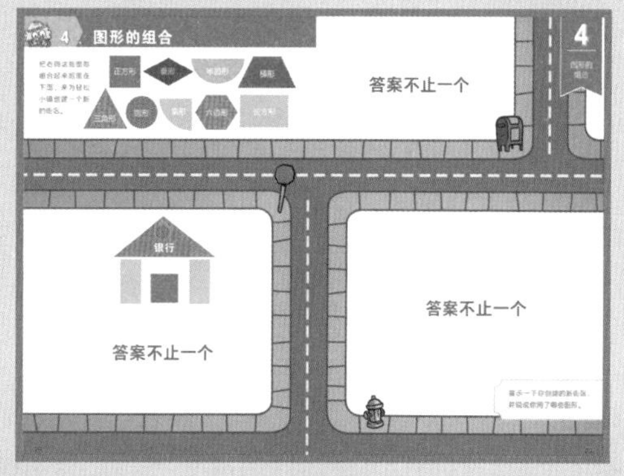
4 图形的组合
答案不止一个
银行
答案不止一个
答案不止一个

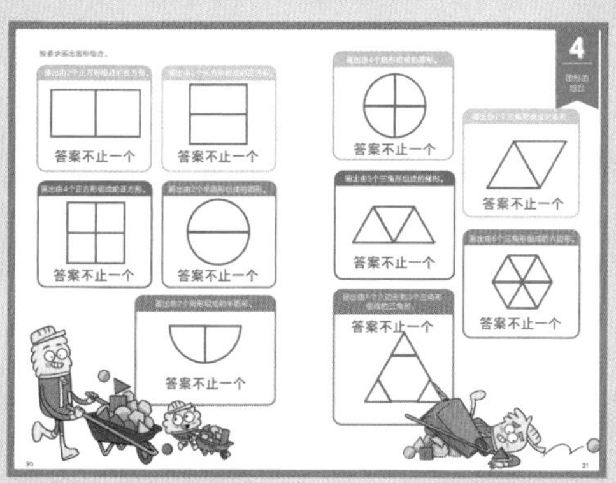
答案不止一个
答案不止一个
答案不止一个
答案不止一个
答案不止一个
答案不止一个
答案不止一个
答案不止一个
答案不止一个
答案不止一个

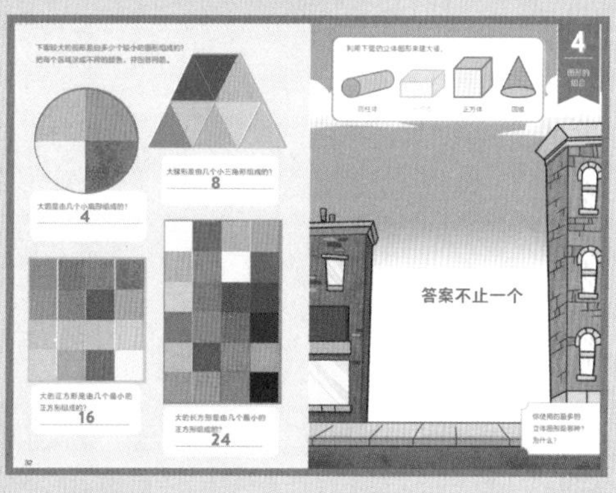
4
8
16
24
答案不止一个

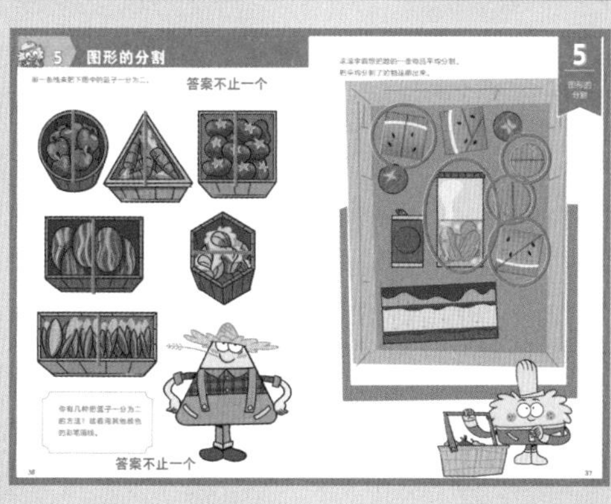
5 图形的分割
答案不止一个
答案不止一个

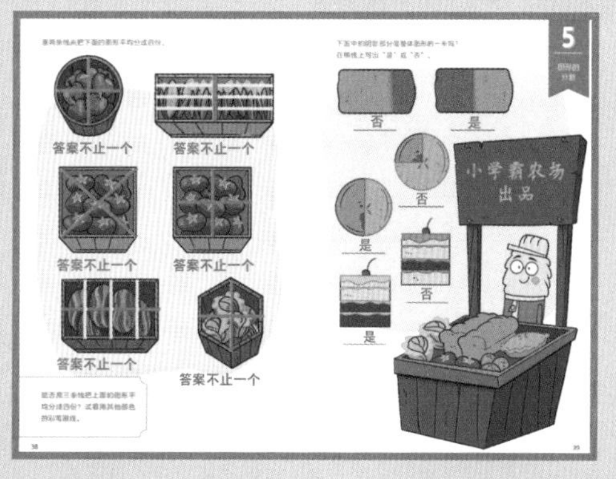
答案不止一个
答案不止一个
答案不止一个
答案不止一个
答案不止一个
答案不止一个
否
是
否
是
否
是
小学霸农场
出品

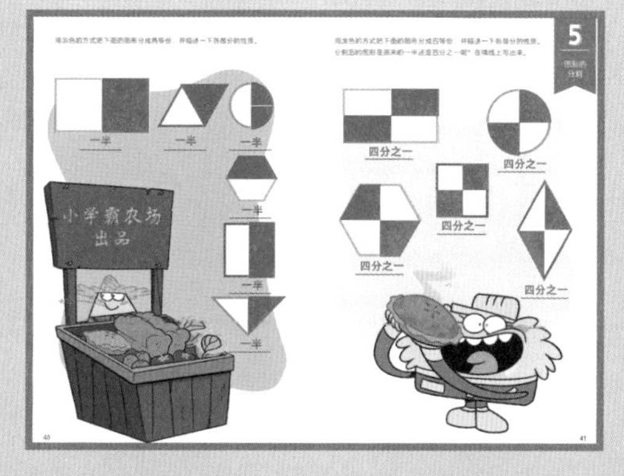
一半
一半
一半
一半
一半
一半
四分之一
四分之一
四分之一
四分之一
四分之一
小学霸农场
出品

关于本系列

“麦克米伦轻松小学霸”系列丛书由专业从事儿童教辅图书出版的麦克米伦公司出品。它在美国众多知名教育学家和教师的指导下研发编写而成，适合4—8岁儿童分级阅读。每个孩子都要从ABC和123学起，关键在于如何让他们从中发现乐趣，并具备终身学习的能力。

本系列分为数学、英语、科学三个学科，共包含36个分册，每册包括5个贴近儿童生活的主题。小读者可以在6个小学霸的带领下畅游轻松小镇，并在游戏中培养兴趣、汲取知识、解决问题。

本册《数学 ⑩》简体中文版由北京市海淀区数学学科带头人孟丹老师审订推荐。

麦克米伦轻松小学霸

数学

SHUXUE

⑩

[美] 伊妮尔 · 西达特　著
[美] 莱斯 · 麦克莱恩　绘
陈芳芳　译

接力出版社
Publishing House

桂图登字：20-2020-040

图书在版编目（CIP）数据

数学.10/（美）伊妮尔·西达特著；（美）莱斯·麦克莱恩绘；陈芳芳译.—南宁：接力出版社，2022.9
（麦克米伦轻松小学霸）
书名原文：TinkerActive Math 2 Grade
ISBN 978-7-5448-7530-1

Ⅰ.①数… Ⅱ.①伊…②莱…③陈… Ⅲ.①数学—儿童读物 Ⅳ.① O1-49

中国版本图书馆 CIP 数据核字（2021）第 281532 号

责任编辑：王琪瑮　　装帧设计：王　悦

责任校对：张琦锋　　责任监印：刘　冬

社长：黄　俭　　总编辑：白　冰

出版发行：接力出版社　　社址：广西南宁市园湖南路9号　　邮编：530022

电话：010－65546561（发行部）　　传真：010－65545210（发行部）

http://www.jielibj.com　　E－mail:jieli@jielibook.com

经销：新华书店　　印制：北京顶佳世纪印刷有限公司

开本：889毫米×1194毫米　1/16　　印张：3　　字数：90千字

版次：2022年9月第1版　　印次：2022年9月第1次印刷

总定价：54.00元（包含《数学⑩》《数学⑪》《数学⑫》三册）

目　录

Contents

1 数位

以10为单位数数，并把布袋上的数字补充完整。

以100为单位数数，并把木箱上的数字补充完整。

根据图中物品的数量，把数字填入相应的数位格子中。

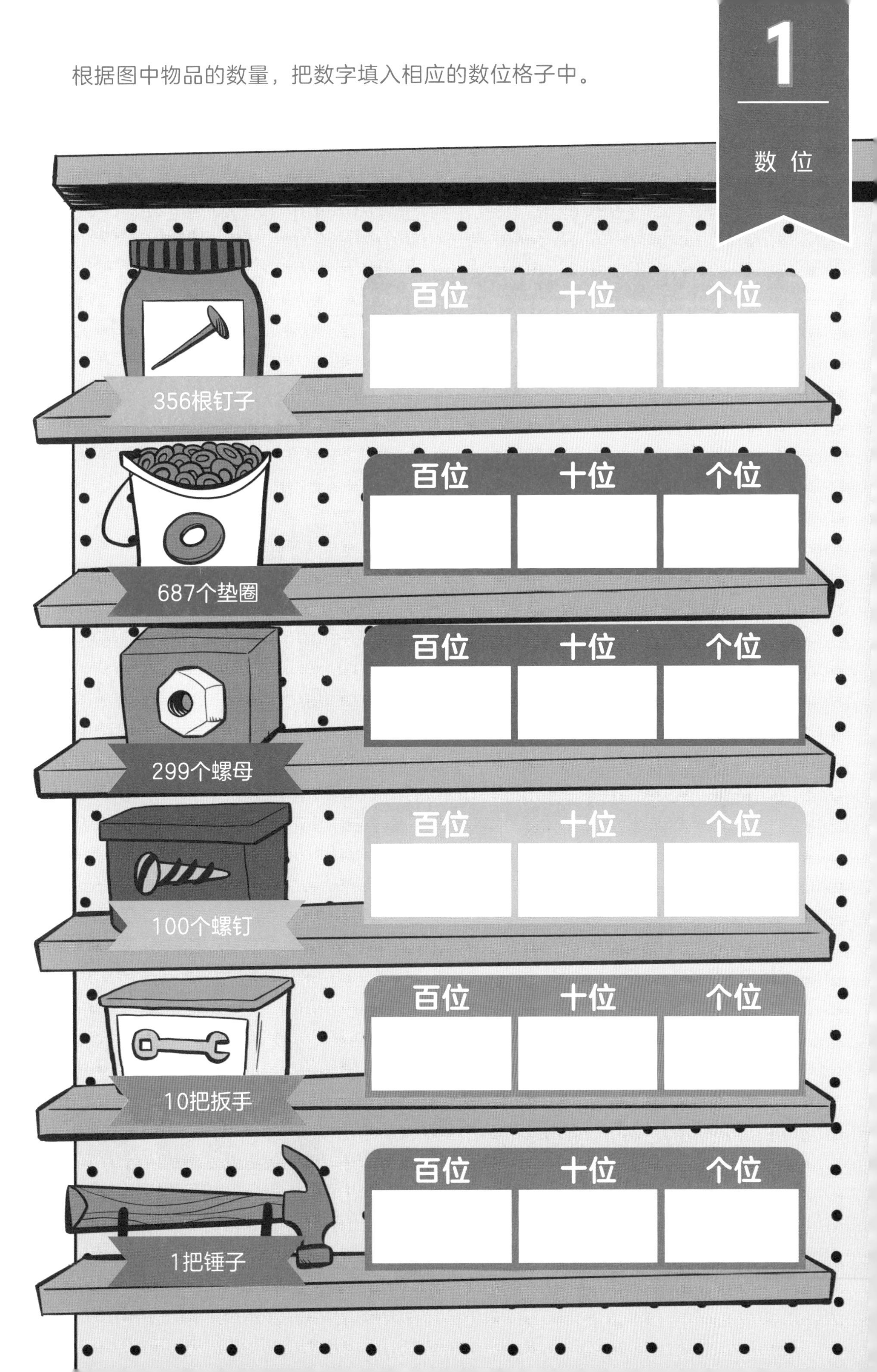

根据图中齿轮的数量，把数字填入相应的数位格子中。

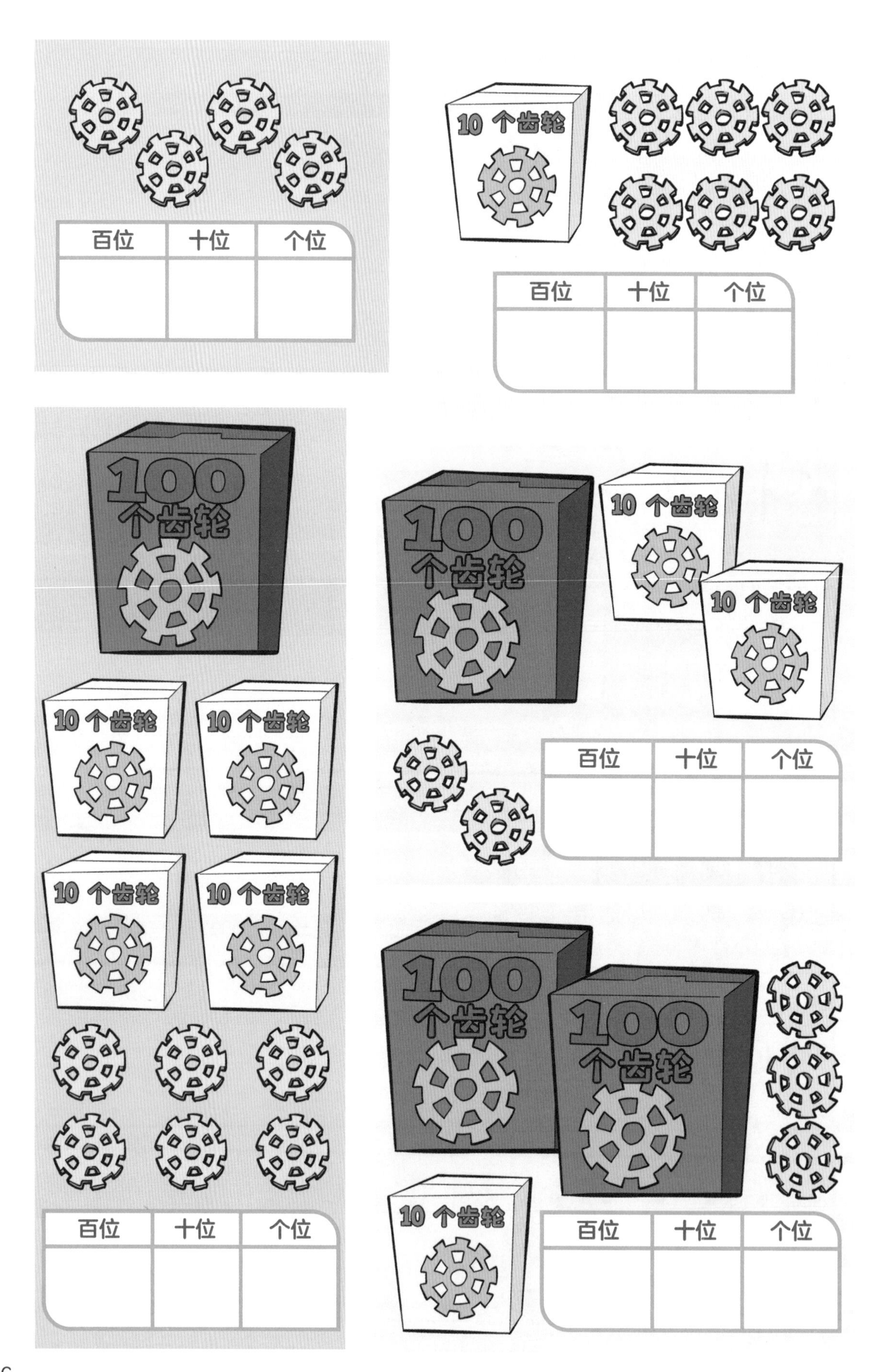

按描述写出数字。

3 是十位上的数字。
5 是个位上的数字。
4 是百位上的数字。

8 是百位上的数字。
7 是十位上的数字。
0 是个位上的数字。

4 是个位上的数字。
0 是十位上的数字。
1 是百位上的数字。

1 是十位上的数字。
6 是百位上的数字。
5 是个位上的数字。

在滚滚学霸的车后画出一摊油。
她所在的格子里，数字的十位数是2。
在条条学霸的车前画一只乌龟。
他所在的格子里，数字的十位数是4。

10	20	30	40	50
110	120	130	140	150
210	220	230	240	250
310	320	330	340	350
410	420	430	440	450
510	520	530	540	550
610	620	630	640	650
710	720	730	740	750
810	820	830	840	850
910	920	930	940	950

在扁扁学霸的车子上写一个A。她所在的格子里，数字的十位数是7。
在筒筒学霸的车子上画一团火焰。他所在的格子里，数字的百位数是8。

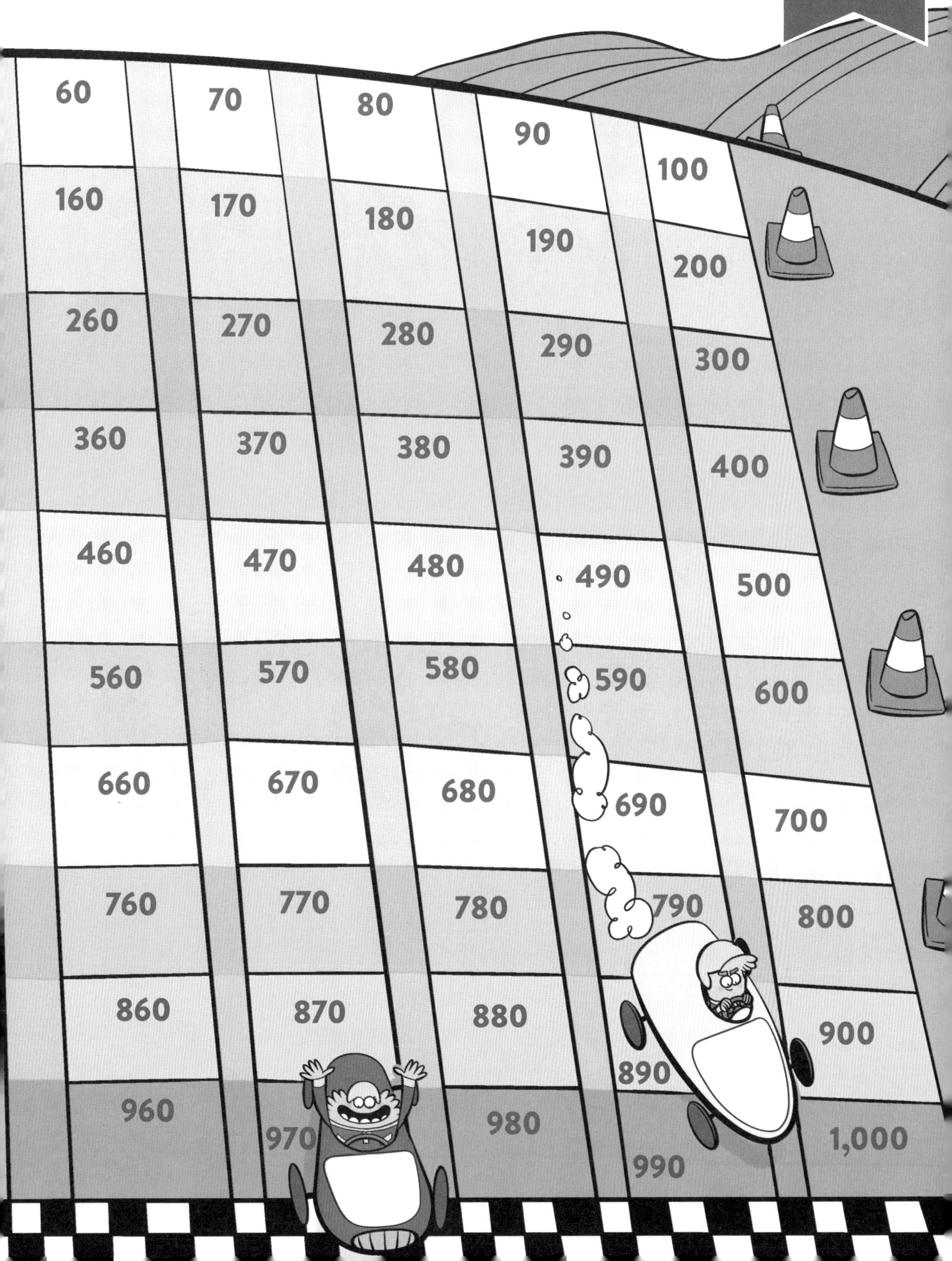

60	70	80	90	100
160	170	180	190	200
260	270	280	290	300
360	370	380	390	400
460	470	480	490	500
560	570	580	590	600
660	670	680	690	700
760	770	780	790	800
860	870	880	890	900
960	970	980	990	1,000

开始吧！把这些工具和材料找齐。

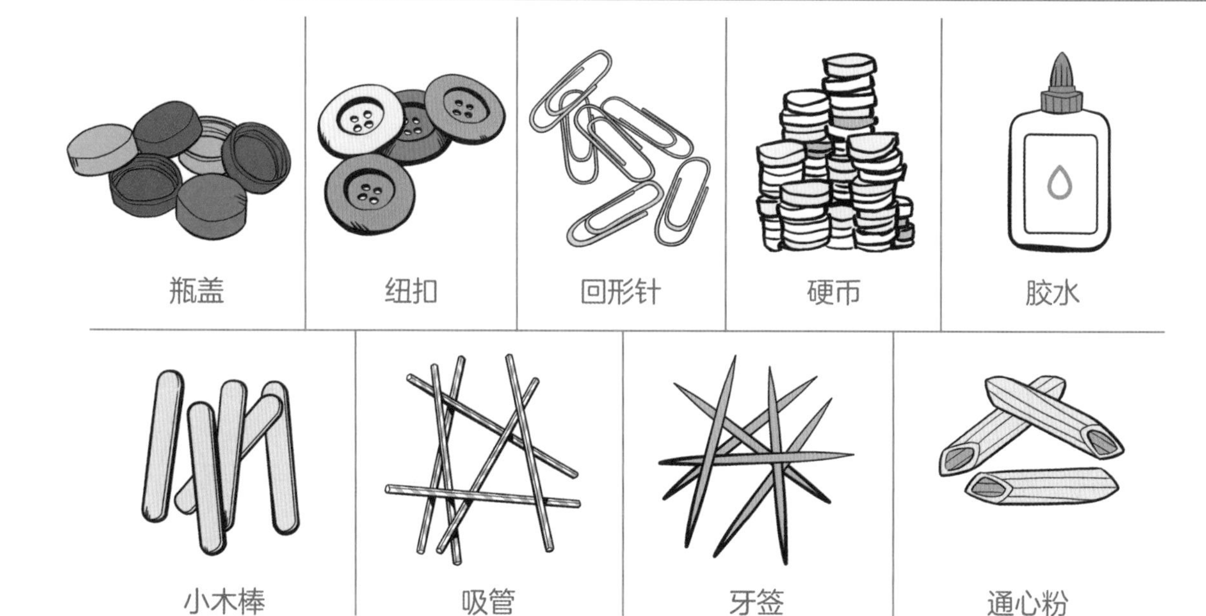

动动脑！

把准备好的物品按不同的方式**分组**，比如按形状、颜色、大小来分。每次分组后，**数一数**每一组的数量。如果哪一组物品的数量超过10个，就再以10为单位继续分组。

把所有物品以10为单位分组，一共有几组？还剩几个物品？所有物品的数量超过100了吗？

动动手：木棒赛车！

1. 按图示把3根小木棒**粘**在一起，这样就有了赛车的框架。

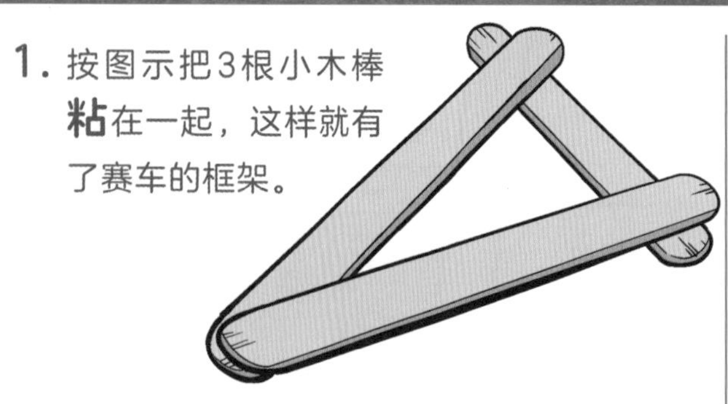

2. 把两截剪好的吸管**粘**在框架上。

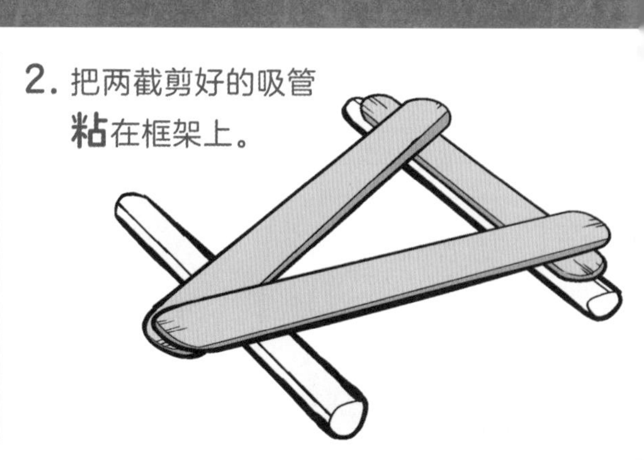

3. 把牙签**穿**进吸管。

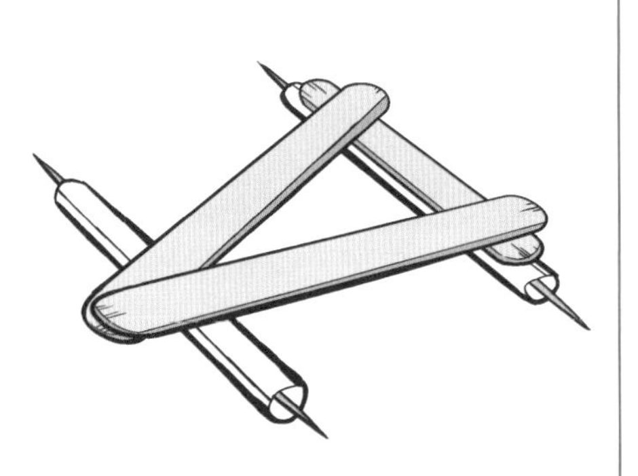

4. 在家长的帮助下，在瓶盖的中心位置**钻**一个小洞，然后把瓶盖固定在牙签两端。

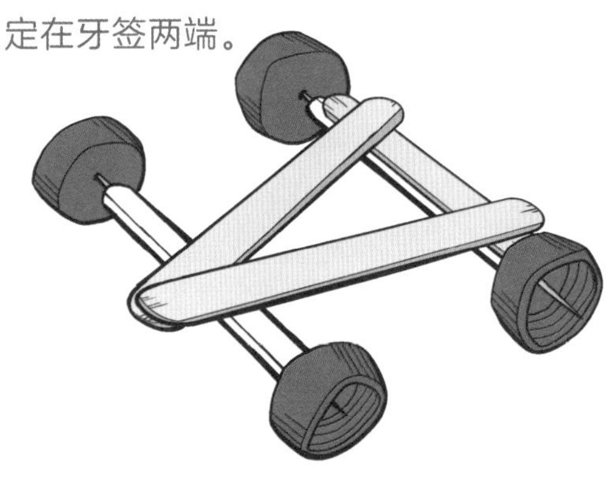

测试一下木棒赛车。它能开动10秒钟吗？20秒钟呢？你最多能让它开动几个10秒钟呢？

做设计！

去年点点学霸参加了小学霸国际汽车大奖赛，并获得了二等奖。今年，她下定决心要获得一等奖。

点点学霸该怎么改进赛车才能实现目标呢？

画好起跑线和终点线。用你刚才做好的赛车做**测试**，看看目前它从起点到终点要跑多久。然后用准备好的物品来**改造**赛车，来让它跑得更快。

重新**计时**，看看你的赛车能否跑得更快。你觉得这是为什么呢？

项目1：完成！
请领取你的任务贴纸！

根据下面的说明，画出石头的跳跃路线。

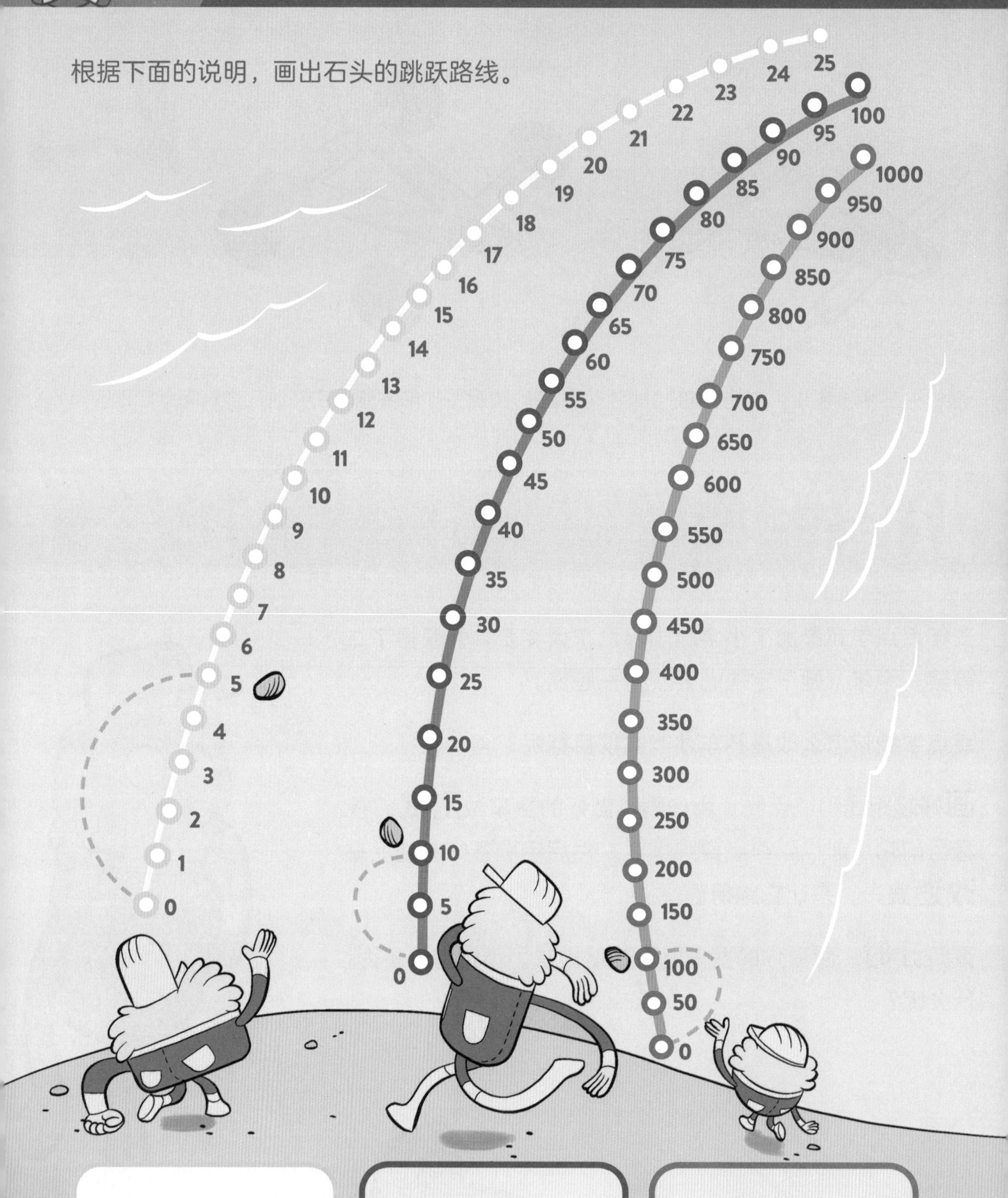

滚滚学霸想让石头以**5**为单位往前跳。

条条学霸想让石头以**10**为单位往前跳。

点点学霸想让石头以**100**为单位往前跳。

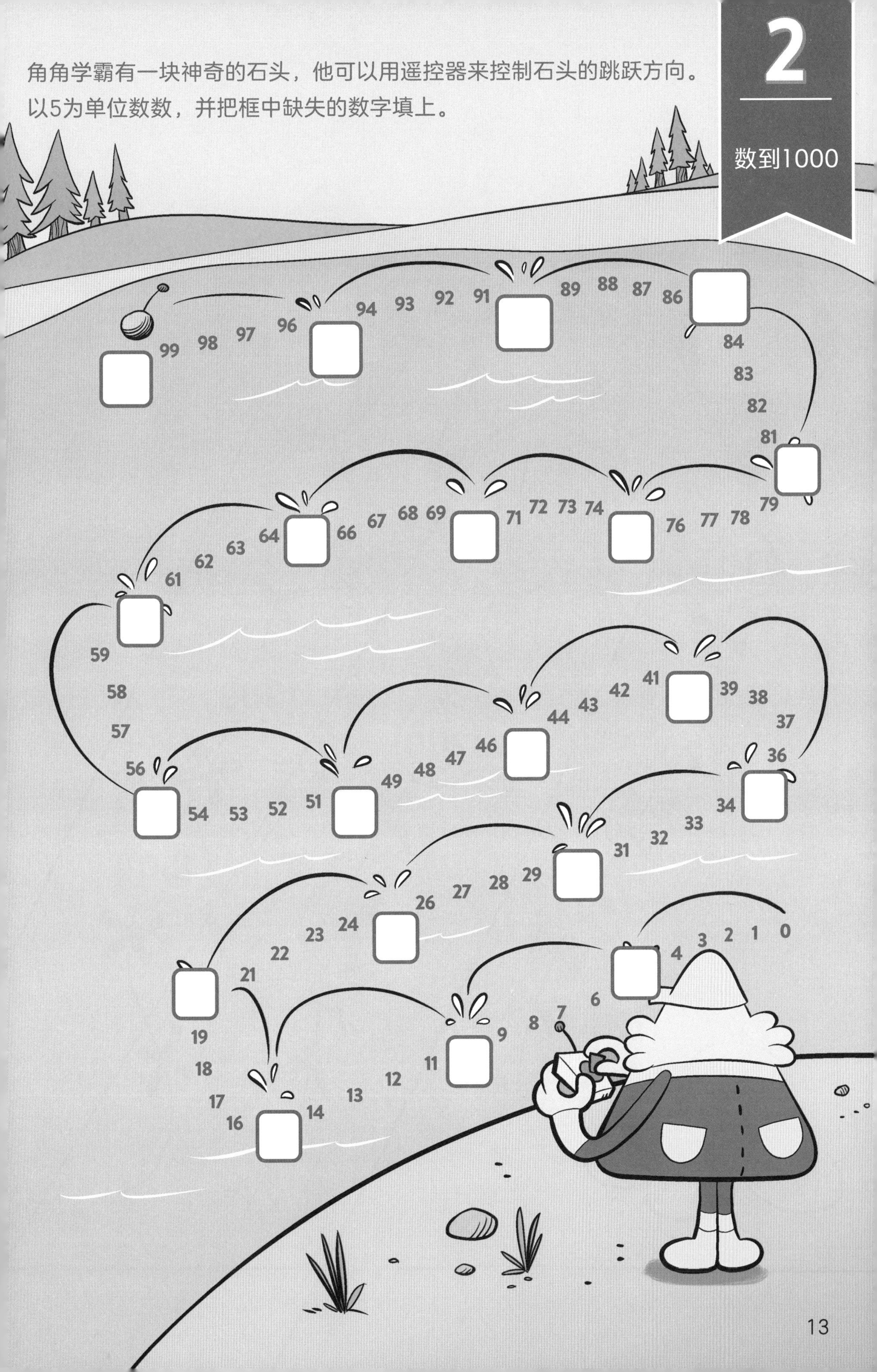

2
数到1000
角角学霸有一块神奇的石头，他可以用遥控器来控制石头的跳跃方向。
以5为单位数数，并把框中缺失的数字填上。
0 1 2 3 4
6 7 8 9
11 12 13 14
16 17 18 19
21 22 23 24
26 27 28 29
31 32 33 34
36 37 38 39
41 42 43 44
46 47 48 49
51 52 53 54
56 57 58 59
61 62 63 64
66 67 68 69
71 72 73 74
76 77 78 79
81 82 83 84
86 87 88 89
91 92 93 94
96 97 98 99

按规律填上框中的数字，并大声读出来。

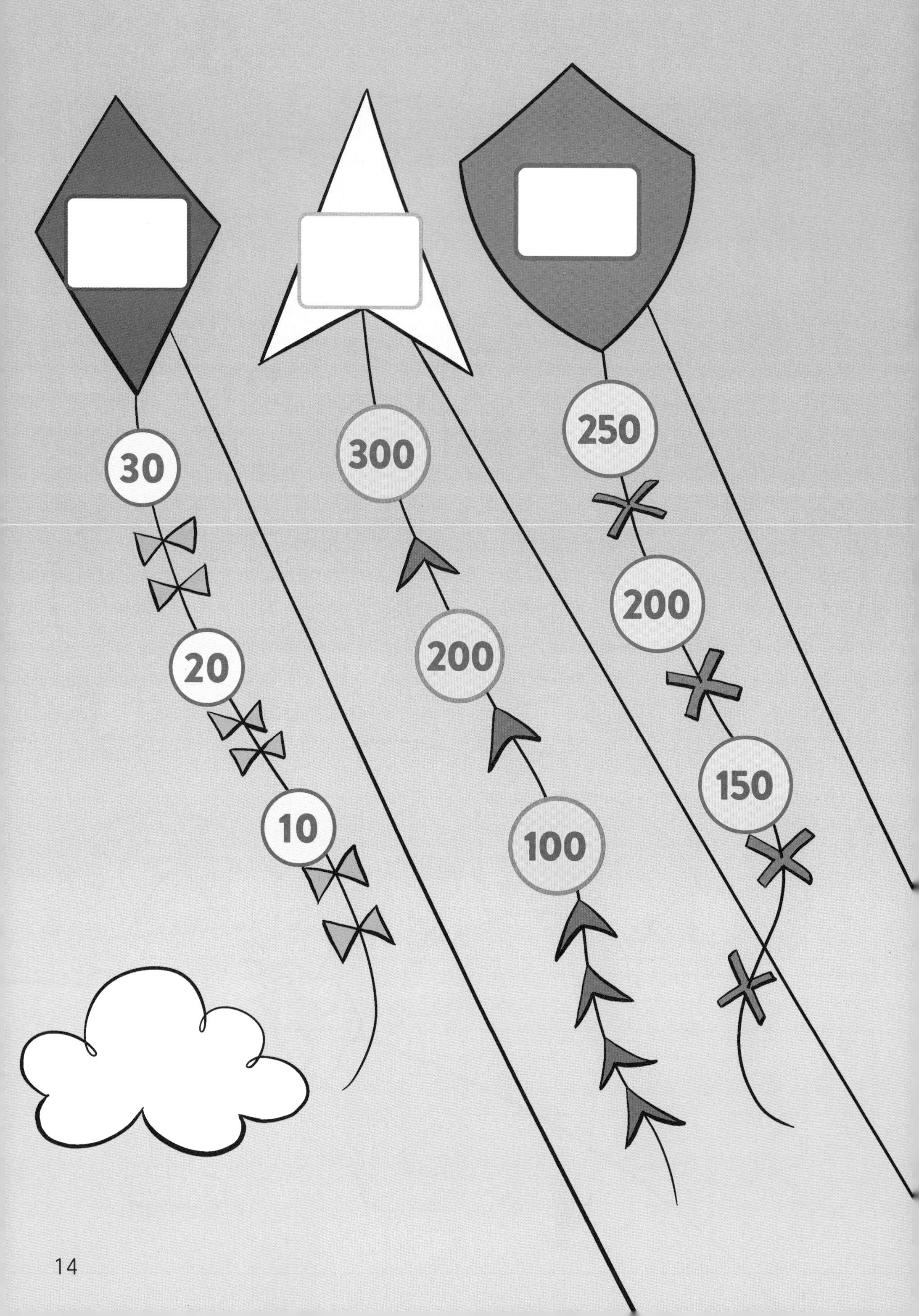

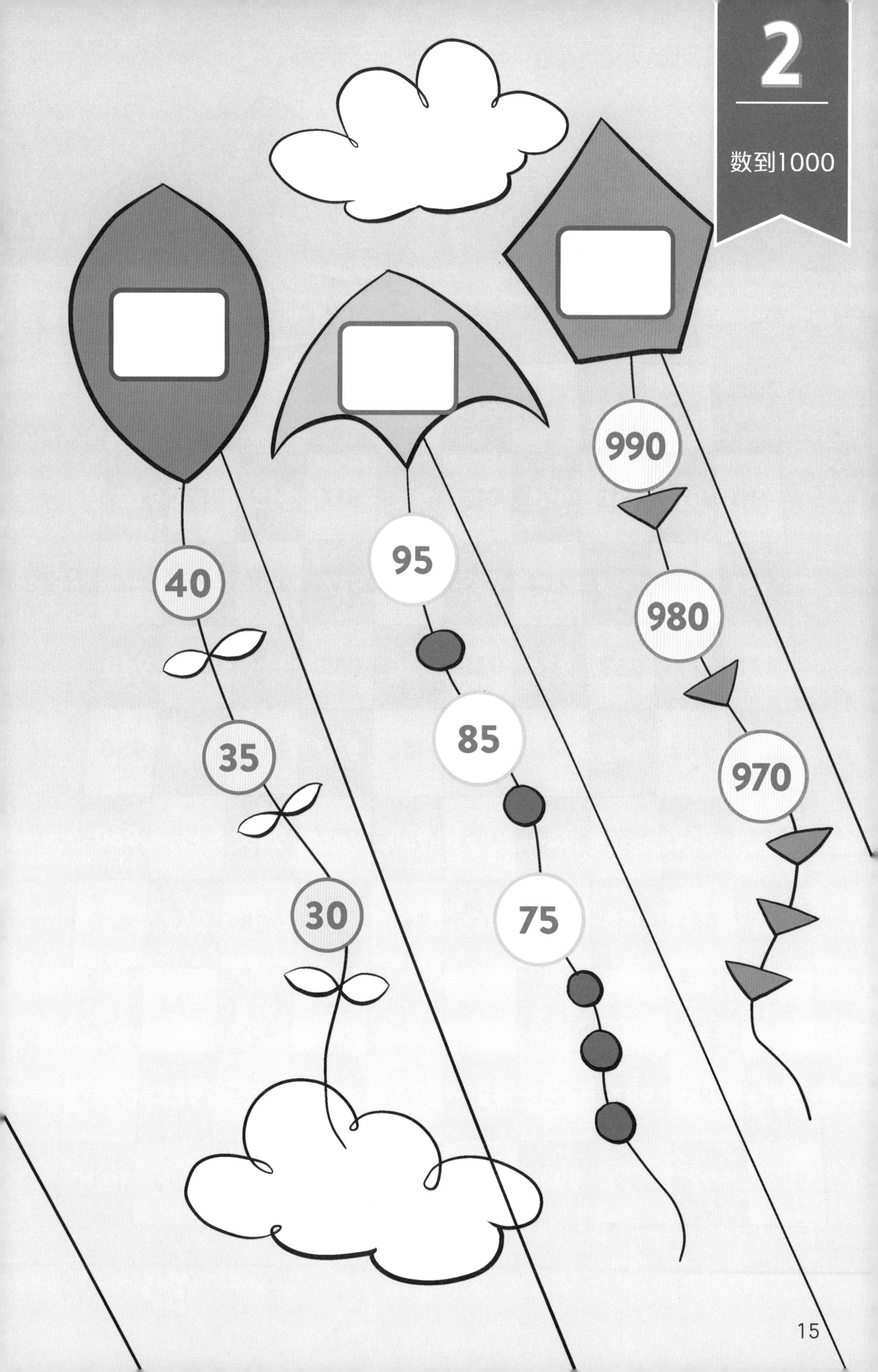
2
数到1000
40
35
30
95
85
75
990
980
970

从905开始，以5为单位数数，并在每个数到的数字上画圈。

从910开始，以10为单位数数，并在每个数到的数字上画方框。

从950开始，以50为单位数数，并在每个数到的数字上画三角形。

901	902	903	904	905	906	907	908	909	910
911	912	913	914	915	916	917	918	919	920
921	922	923	924	925	926	927	928	929	930
931	932	933	934	935	936	937	938	939	940
941	942	943	944	945	946	947	948	949	950
951	952	953	954	955	956	957	958	959	960
961	962	963	964	965	966	967	968	969	970
971	972	973	974	975	976	977	978	979	980
981	982	983	984	985	986	987	988	989	990
991	992	993	994	995	996	997	998	999	1000

先用三根手指指向50，100和150这三个数字，然后以50为单位继续数数。每数一个，就挪动一根手指到新数的数字上，这时其他两根手指保持不动。

你能顺利数到1000吗？

开始吧！把这些工具和材料找齐。

石头

硬币

小物件，如豆子、通心粉、谷物圈、坚果等

大米

记号笔

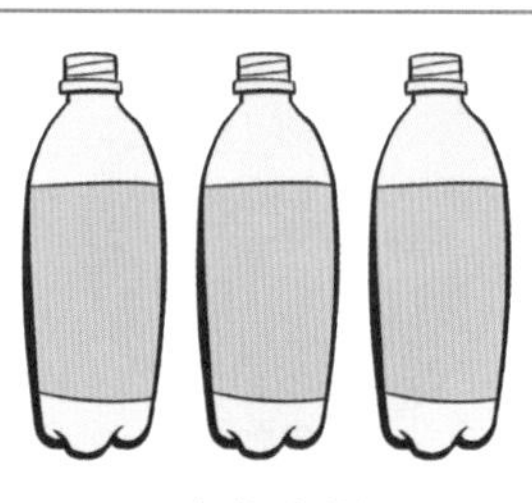
空塑料瓶

气球

动动脑！

把准备好的石头、硬币、豆子和大米分别以10为单位**分组**。

把分好组的物品摆在蓄满水的水槽边，每次把一种物品投入水中，看看它能不能弹起来。所有物品都能被水弹起来吗？如果换一种投掷方法呢？哪种物品在水上弹跳的次数最多？

动动手：小学霸救生艇！

1. 让家长帮忙把空塑料瓶**剪**成图示的样子。

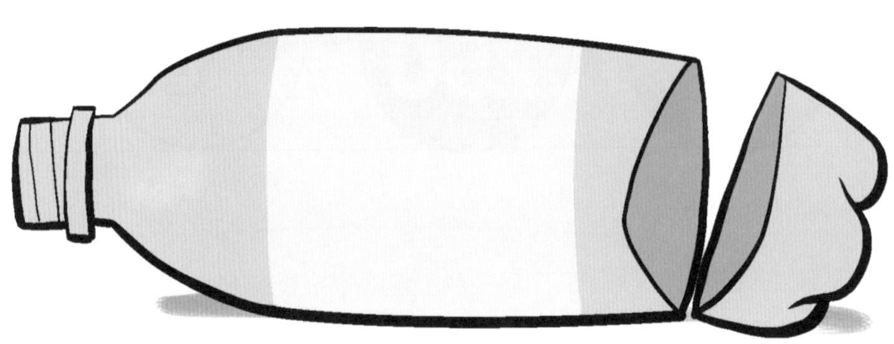

2. 用记号笔或贴纸上的图案**装饰**一下救生艇。

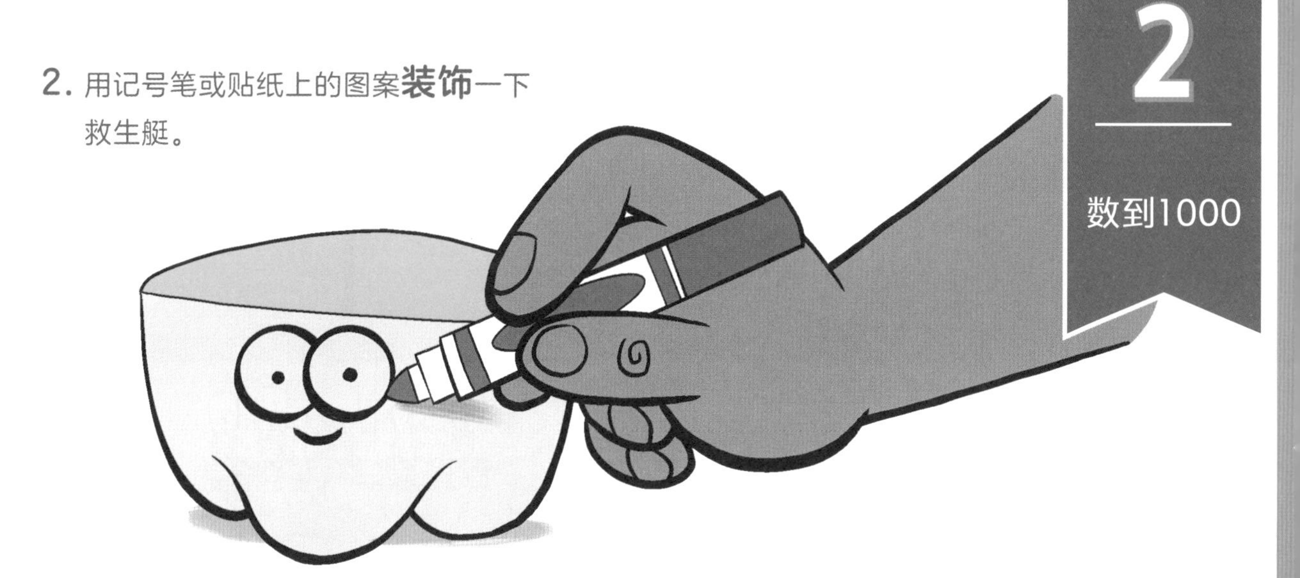

3. 把救生艇**放**到蓄满水的水槽中，并在救生艇中以10为单位放入物品。在救生艇下沉之前，你最多能放入几组物品？

做设计！

小学霸们想往救生艇里多放一些物品，甚至放100个。不过，他们不想从1数到100，这样太浪费时间了。

小学霸们该怎么迅速数到100呢？救生艇能保持漂浮的状态吗？

找到能迅速数到100的方式，并把你的救生艇改造一下，让它能装更多物品。

3 比较大小

条条学霸和点点学霸在玩一个名叫“找这，找那，哈哈哈”的游戏。你可以自己玩，也可以找朋友一起玩。游戏规则就是在找到下面的物品时，大喊“哈哈哈”！

你能否在3步以内找到**柔软**的物品？跑过去，大声喊“哈哈哈”！

你能否在2步以内找到**亮晶晶**的物品？

你能否在9步以内找到**带条纹**的物品？

你能否后退5步，找到比你还**高**的物品？

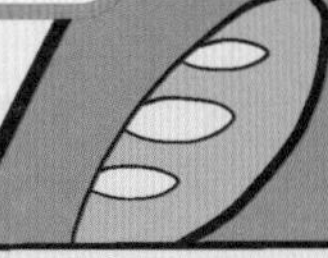

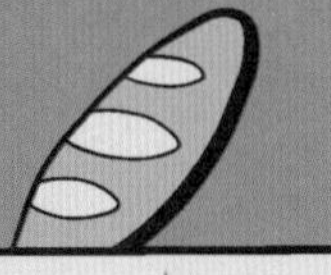

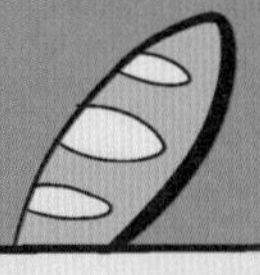

往你的右侧或左侧走12步，看看能否找到**蓝色**的物品。

用数字把下面的句子补充完整，并圈出相符的符号。

筒筒学霸和滚滚学霸去奶酪店。滚滚学霸把13块奶酪放进自己的篮子。筒筒学霸拿了20块。

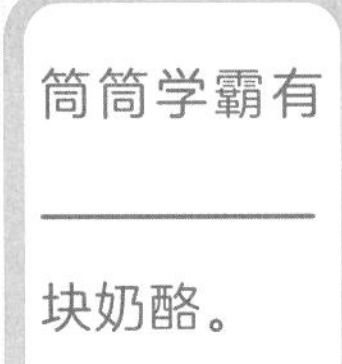

筒筒学霸有______块奶酪。

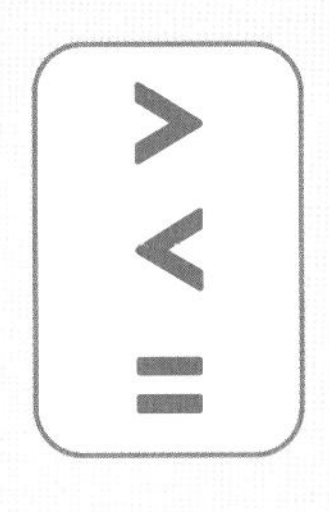

> < =

滚滚学霸有______块奶酪。

接着，筒筒学霸把装有300块黏奶酪的箱子给了滚滚学霸，自己拿了125块黏奶酪。

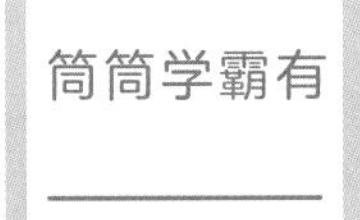

筒筒学霸有______块黏奶酪。

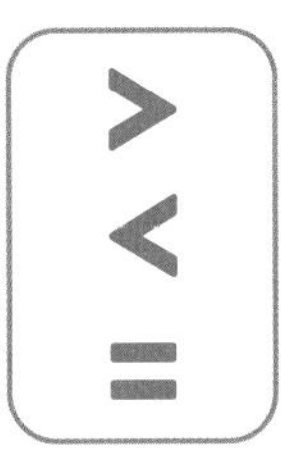

> < =

滚滚学霸有______块黏奶酪。

滚滚学霸又往篮子里放了50块圆奶酪，这是她的最爱。
筒筒学霸挑了50块。

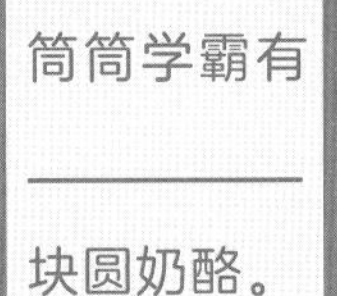

筒筒学霸有______块圆奶酪。

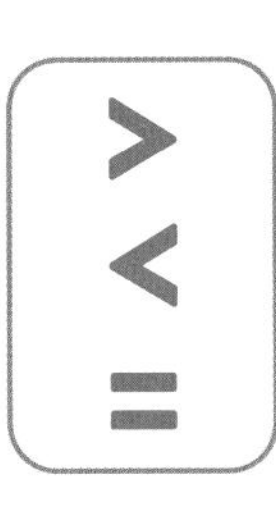

> < =

滚滚学霸有______块圆奶酪。

最后，滚滚学霸又拿了3袋奶酪碎。筒筒学霸不喜欢奶酪碎，就没有拿。

筒筒学霸有______袋奶酪碎。

> < =

滚滚学霸有______袋奶酪碎。

比较下图包装上数字的大小，并在圆圈里填上“>”、“<”或“=”。

537
812
981
981
619
632
501
491
113
113

根据下列描述，在横线上填写数字，在方框内填上“>”、“<”或“=”。

筒筒学霸有342颗葡萄干，扁扁学霸有212颗。谁的葡萄干更多？

滚滚学霸有102颗葵花子，角角学霸有931颗。谁的葵花子更多？

点点学霸有113颗葡萄干，条条学霸有212颗。谁的葡萄干更多？

扁扁学霸和条条学霸各有几颗葡萄干？谁的葡萄干更多？

数一数你家有几把椅子，有几扇门，并比较一下椅子和门的数量。

根据下方的指示给方格涂上颜色。

89	64	29	42	83	73	6	30	84	43	49	72	13	23	12	50
21	27	125	131	14	71	63	22	61	58	176	101	85	155	101	40
34	141	160	28	41	103	170	101	156	74	180	100	177	164		35
72	101	150	70	126	182	178	149	136	161	171	165	179		20	11
86	134	142	151	173	137	127	162	167	172	148	135		87	75	67
15	76	152	168	129	157	174	175	158	133	169	185				10
68	78	54	159	104	138	101	154	108	139	109	186	163	146	105	9
53	77	47	88	145	153	65	69	38	142	156	48	18	8	33	66
37	59	39	81	101	143	87	4	31	132	187	51	32	17	1	36
97	7	46	26	60	88	25	5	25	52	44	82	24	16	3	19

开始吧！把这些工具和材料找齐。

纸杯

食物，如谷物圈、小胡萝卜、坚果等

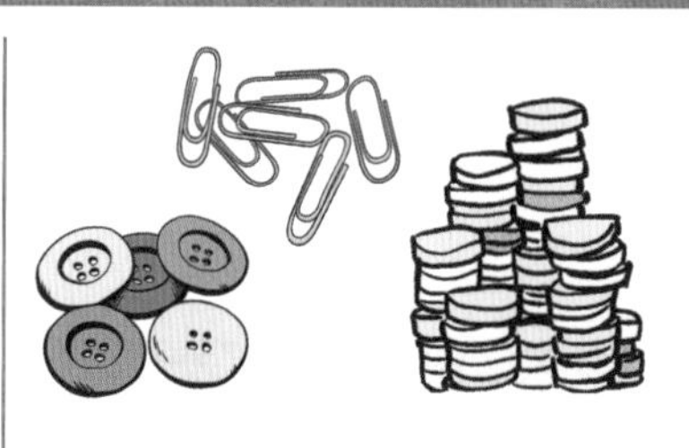

小物件，如硬币、纽扣、回形针等

小木棒

胶水

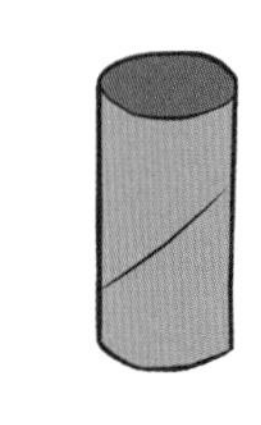

卫生纸筒

胶带

动动脑！

用准备好的食物**装满**一个纸杯，用其他小物件装满另一个纸杯。你觉得哪个纸杯装的物品更多？

在不把纸杯里的物品倒出来的前提下，用不同方式弄清楚里面的物品数量。你能想出几种方式？

把纸杯里的东西倒出来数一数。你猜对了吗？你为什么会猜对或猜错呢？

动动手：迷你跷跷板！

1. 用胶水按图示的方法把小木棒**粘**好，这样就有了一个长板。

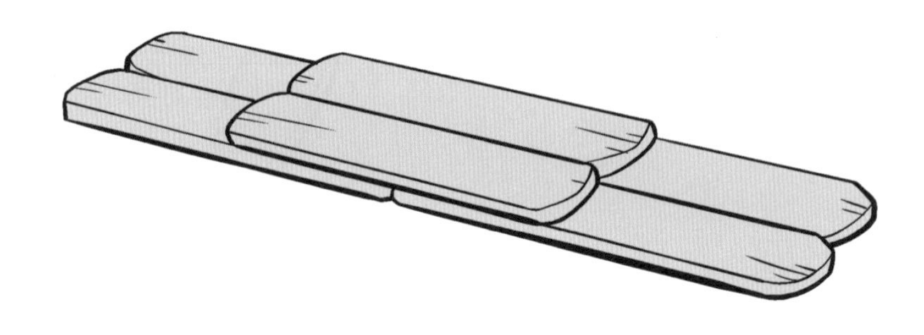

2. 在长板中间**涂**上胶水，并按图示**粘**在卫生纸筒上。

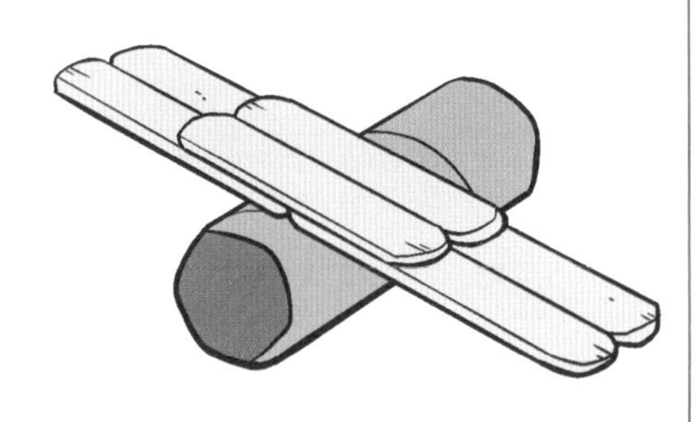

3. 把两个纸杯分别**粘**在长板两侧。

4. 用胶带把卫生纸筒两端**固定**在桌子上。

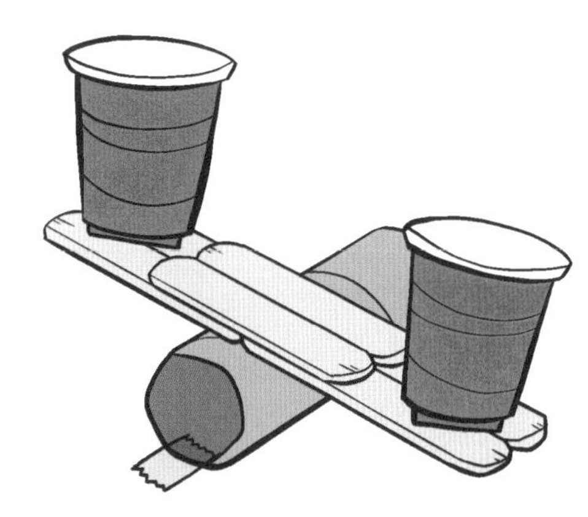

5. 用左手和右手随意**抓取**一些物品，先**猜猜**哪一把物品更重，再放入纸杯里**测试**一下。迷你跷跷板能保持平衡吗？为什么？

做设计！

现在是吃零食的时间！ 筒筒学霸和滚滚学霸在啃胡萝卜。筒筒学霸有20根胡萝卜，滚滚学霸只有10根，这有些不公平！

筒筒学霸和滚滚学霸该怎样做，才能拥有同样多的胡萝卜呢？

在迷你跷跷板一侧的纸杯里**放**20个小零食，在另一侧放10个小零食。怎样才能让两个纸杯里的零食一样多？

4 偶数和奇数

滚滚学霸和筒筒学霸在做巧克力。根据左边的数字给巧克力模具中的方块涂色，并圈出这个数字是偶数还是奇数。

根据下面的说明涂色，看看筒筒学霸做出了什么形状的巧克力。
把11到30之间的偶数涂成红色。
把31到50之间的奇数涂成绿色。
把51到60之间的偶数涂成黑色。

19	34	55	11	23	38	57	35	47	31
17	59	34	36	52	56	49	33	41	25
23	36	15	40	58	37	43	45	36	44
13	21	42	29	54	23	46	32	17	11
55	25	19	12	24	26	18	21	15	40
17	15	16	20	28	17	22	14	19	57
59	44	26	16	12	20	34	22	25	29
36	32	24	18	14	26	38	28	34	42
11	53	14	20	24	16	18	12	13	53
42	21	48	22	26	18	18	38	32	15

偶数是能够被2整除的整数，它的个位数字是0，2，4，6或8。不能被2整除的整数就是奇数。

根据巧克力的数量写出算式，算出结果，并圈出这个数是偶数还是奇数。

4 + 4 = 8 偶数/奇数

___ + ___ + ___ = ___ 偶数/奇数

___ + ___ + ___ + ___ = ___ 偶数/奇数

___ + ___ + ___ + ___ + ___ + ___ = ___ 偶数/奇数

把算式和数量相符的巧克力图片连线，算出结果，并圈出这个数是偶数还是奇数。

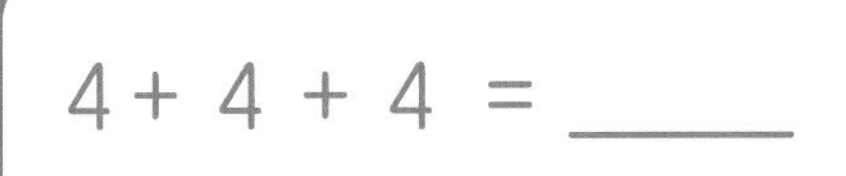

$4+4+4=$ ______

偶数/奇数

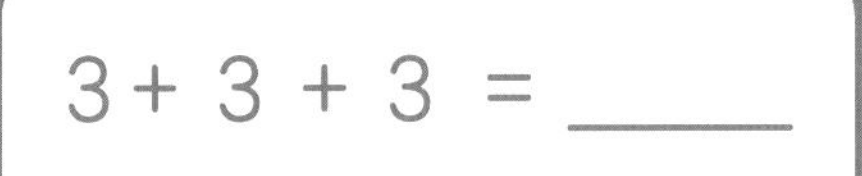

$3+3+3=$ ______

偶数/奇数

$4+4+4+4=$ ______

偶数/奇数

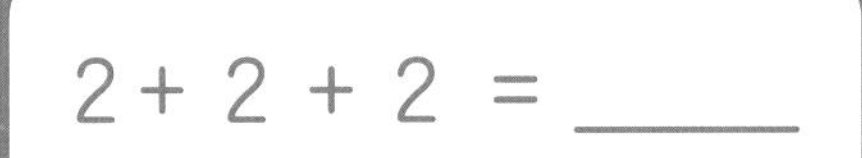

$2+2+2=$ ______

偶数/奇数

$4+4=$ ______

偶数/奇数

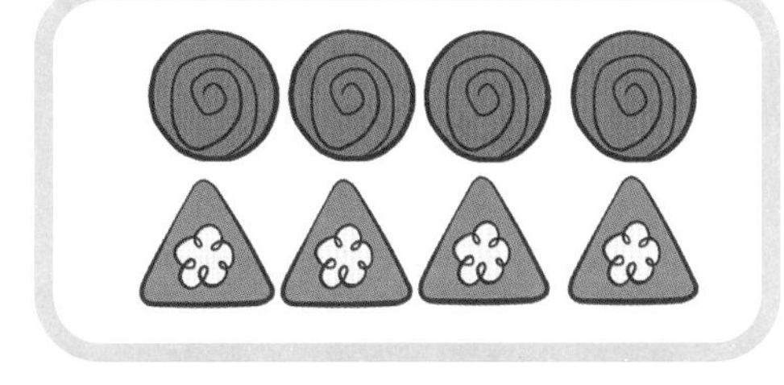

回答下列问题，圈出答案是偶数还是奇数，并根据答案对应的部位，在右页画出巧克力动物雕塑。

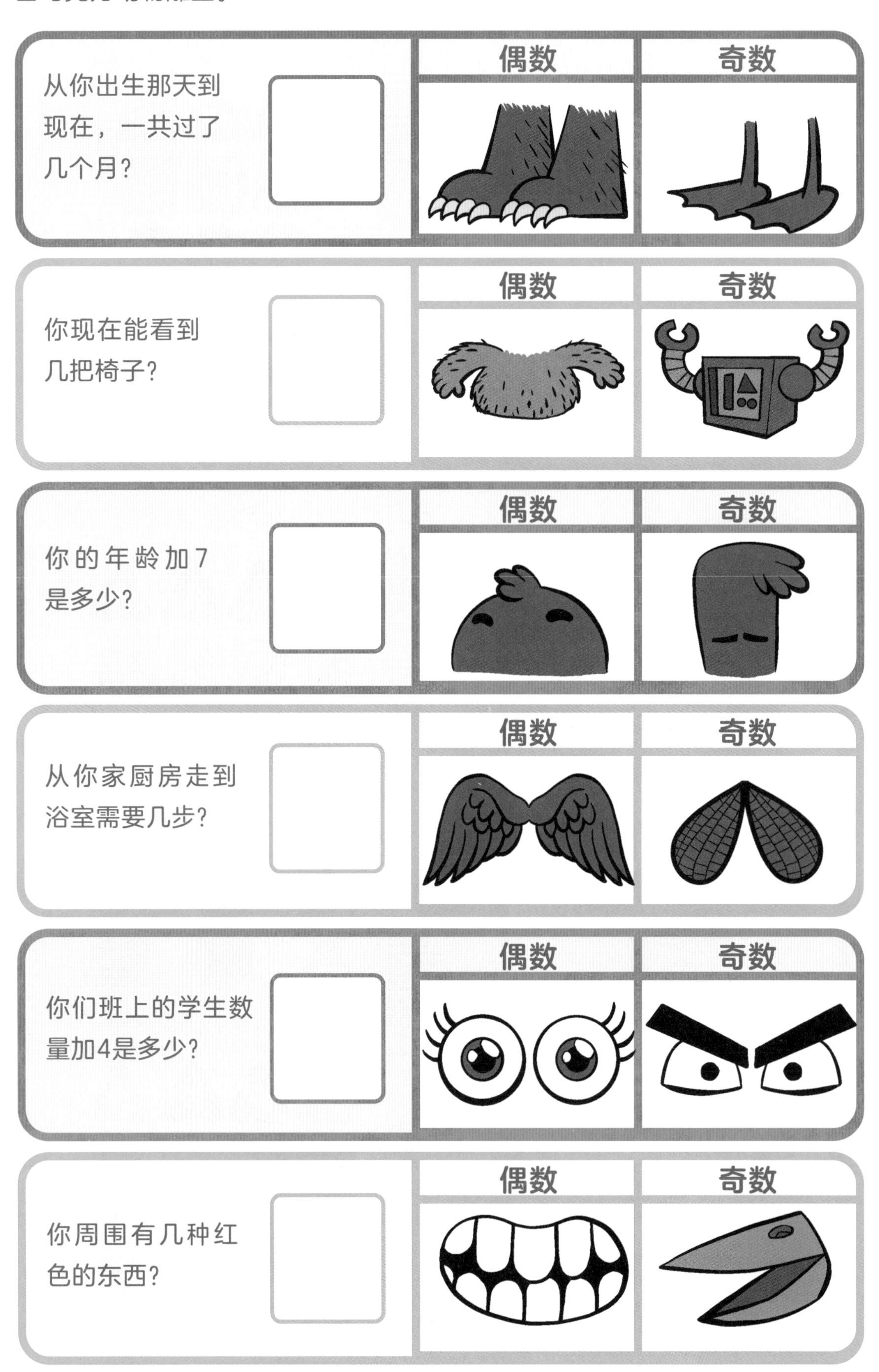

4

偶数和奇数

开始吧！把这些工具和材料找齐。

巧克力豆

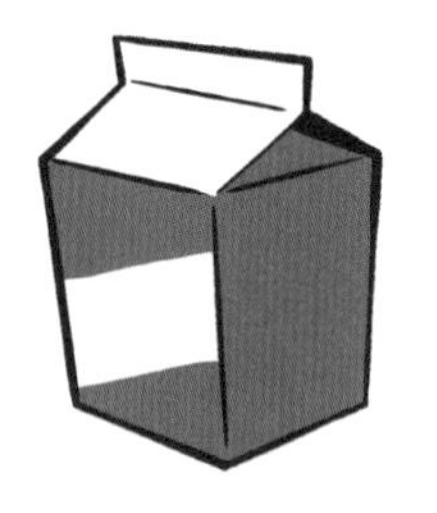

牛奶

酸奶

量杯

碗和勺

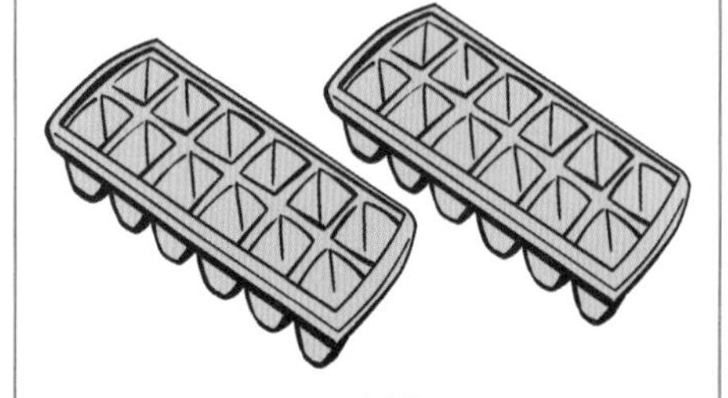

冰模

小木棒

动动脑！

抓一把巧克力豆。

数一数你抓了多少颗，它是偶数还是奇数？

按每两颗巧克力豆为一组的方式，把这些巧克力豆**分组**。

动动手：巧克力冰棒！

1. 在家长的帮助下，把酸奶和牛奶**混合**在一起。

2. 把一碗巧克力豆放入微波炉**加热**，直至巧克力豆熔化。

3. 把熔化的巧克力**加入**牛奶酸奶混合物中。

4. 把混合物**倒入**冰模。

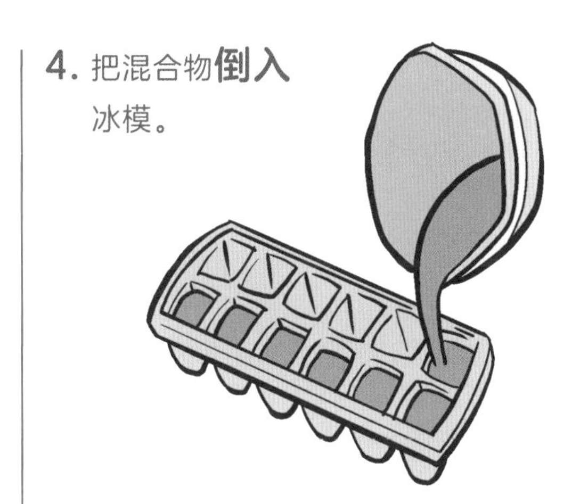

5. 把小木棒**插入**每个冰格中的混合物里，然后把冰模**放入**冰箱冷冻室。

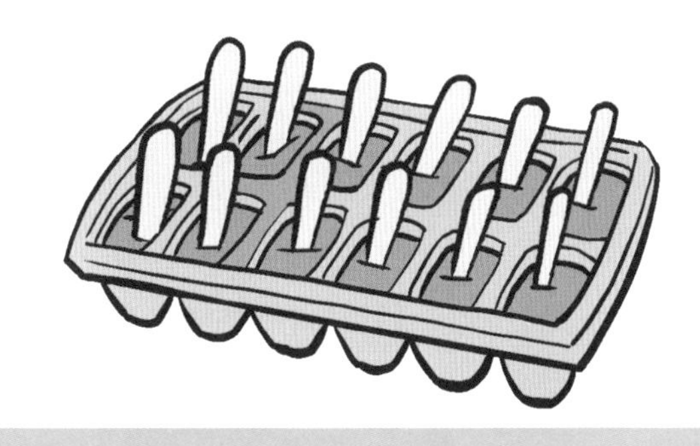

做设计！

角角学霸喜欢巧克力冰棒，可他更喜欢带巧克力豆的巧克力冰棒。他手头还有一些巧克力豆，想把它们均匀地放入每根冰棒里。

角角学霸怎么才能确定每根冰棒里的巧克力豆一样多？

重新做一次巧克力冰棒，不过这次在把冰模**放入**冰箱前，在每个冰格里**加入**同样多的巧克力豆。你在每个冰格里放入了多少颗巧克力豆？是偶数还是奇数？

5 加减法

把算式中的数字补充完整，
并找出加法和减法的关系。

11
− 6
6
+
11
13
− 8
8
+
13
16
− 9
9
+
16

借助下面的树屋数字表算出右页的数学题。请注意！做加法要从左往右，从上往下跳格子；做减法要从右往左，从下往上跳格子。

1	2	3	4	5	6	7	8	9	10
11	12	13	14	15	16	17	18	19	20
21	22	23	24	25	26	27	28	29	30
31	32	33	34	35	36	37	38	39	40
41	42	43	44	45	46	47	48	49	50
51	52	53	54	55	56	57	58	59	60
61	62	63	64	65	66	67	68	69	70
71	72	73	74	75	76	77	78	79	80
81	82	83	84	85	86	87	88	89	90
91	92	93	94	95	96	97	98	99	100

43 + 17 = 60

· 找到43。
· 在格子上横跳 ____ 下。
· 再竖跳 ____ 下。

74 - 19 =

· 找到74。
· 在格子上横跳 ____ 下。
· 再竖跳 ____ 下。

25 + 28 =

· 找到25。
· 在格子上横跳 ____ 下。
· 再竖跳 ____ 下。

93 - 19 =

· 找到93。
· 在格子上横跳 ____ 下。
· 再竖跳 ____ 下。

18 + 53 =

· 找到18。
· 在格子上横跳 ____ 下。
· 再竖跳 ____ 下。

55 - 26 =

· 找到55。
· 在格子上横跳 ____ 下。
· 再竖跳 ____ 下。

46 + 16 =

· 找到46。
· 在格子上横跳 ____ 下。
· 再竖跳 ____ 下。

84 - 77 =

· 找到84。
· 在格子上横跳 ____ 下。
· 再竖跳 ____ 下。

把树屋里的各个房间剪下来，并将相符房间的数字填入空格，使得九宫格每行和每列数字的和都是15。

5	1	9	15
3	8	4	15
7	6	2	15
15	15	15	

2			15
			15
	3	8	15
15	15	15	

7			15
			15
3	4		15
15	15	15	

将相符房间的数字填入空格，使得九宫格每行和每列数字的和等于表格外对应的数字。

	2		15
1		6	16
			14
13	15	17	

		6	19
		2	11
7			15
12	20	13	

	4		13
			16
5	9		16
12	16	17	

	5	3	15
			14
1			16
12	19	14	

开始吧！把这些工具和材料找齐。

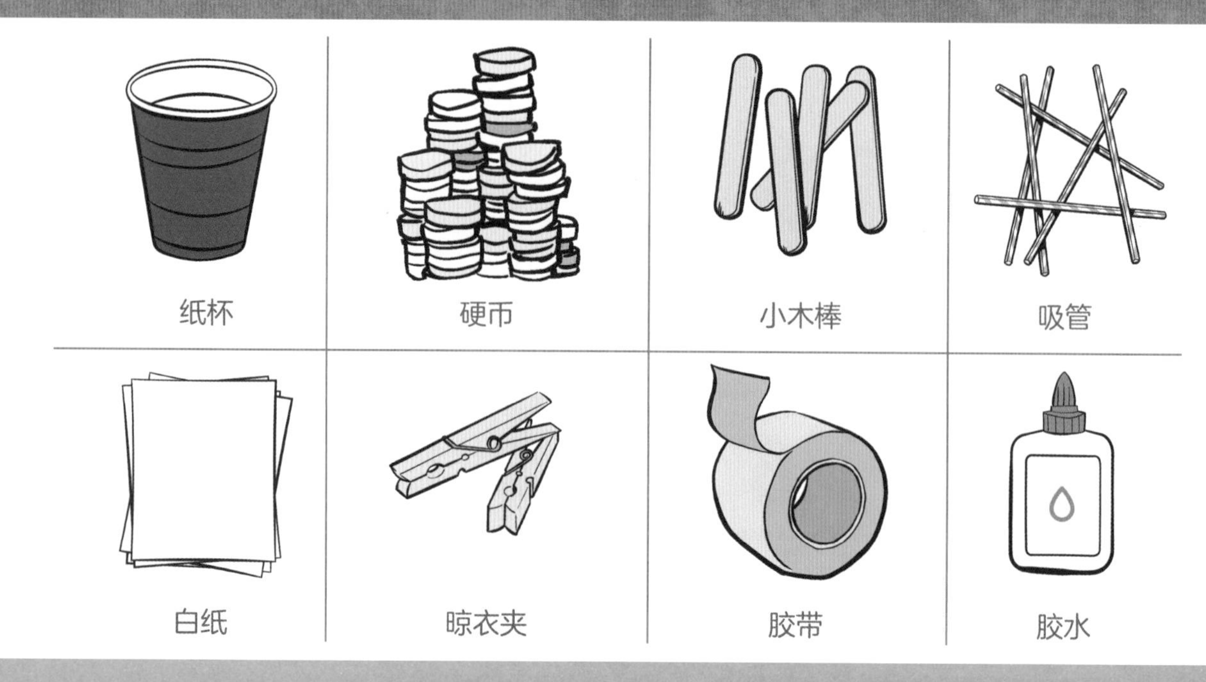

动动脑！

数一数硬币的总数，然后把纸杯**放**在桌上。在稍远的地方往纸杯里**投**硬币，一次一枚，直到投出所有的硬币。没有投进纸杯的有多少枚硬币？不需要靠近纸杯，你就能知道一共投进了多少枚硬币吧！

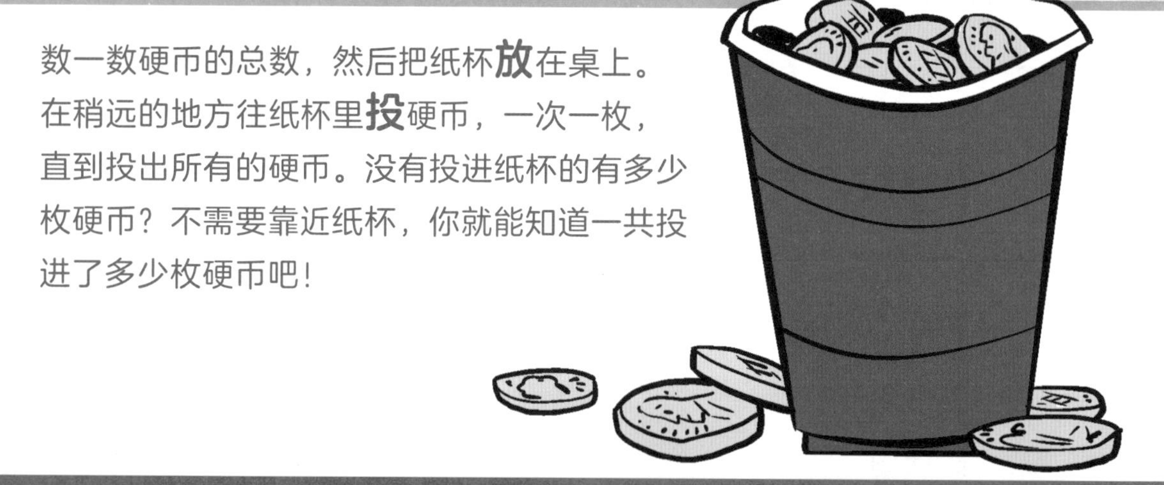

动动手：树屋！

1. 把10根左右的小木棒并排**摆**好。

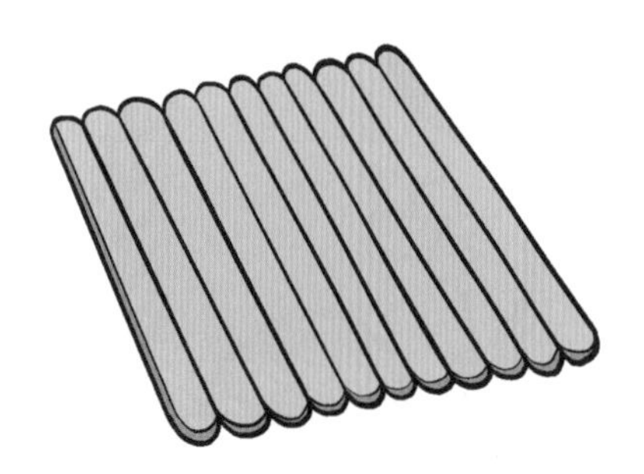

2. 按图示将3根小木棒沿垂直方向**粘**好，这样就有了树屋的地面。

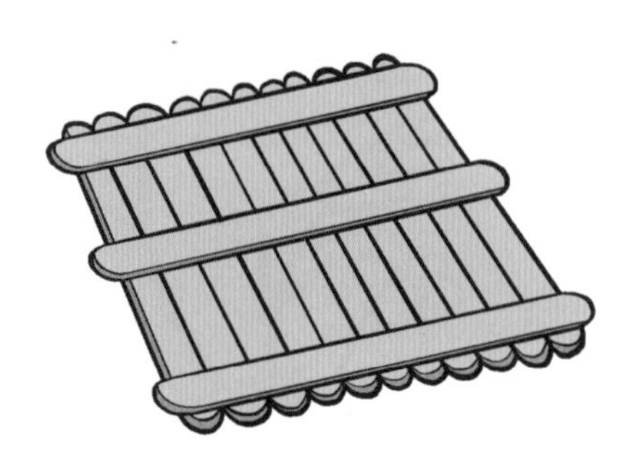

3. 用剩下的小木棒**做**树屋的墙。

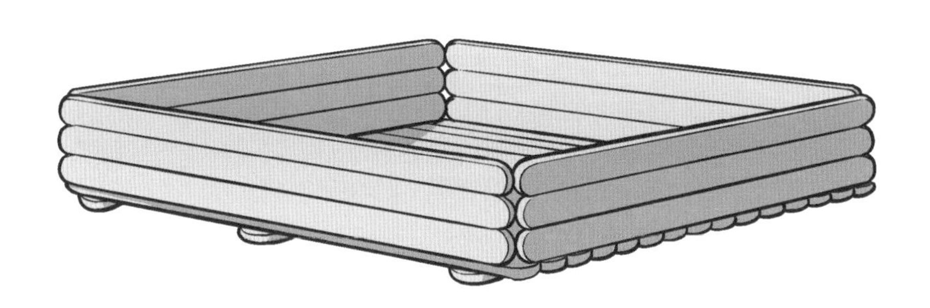

树屋的地面和墙分别用掉了多少根小木棒？制作树屋一共用掉了多少根小木棒？

做设计！

点点学霸想为树屋配置一张桌子，她希望能和朋友们一起在桌子上吃曲奇。

点点学霸该怎样做出这样的桌子呢？

用准备好的物品**制作**一张小桌子。把纸杯放在上面，并往里面加硬币。在桌子翻倒之前，你放入了多少枚硬币？

项目5：完成！
请领取你的任务贴纸！

参考答案

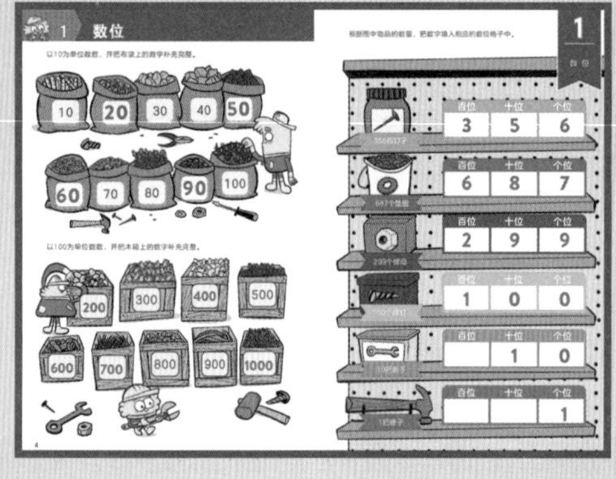

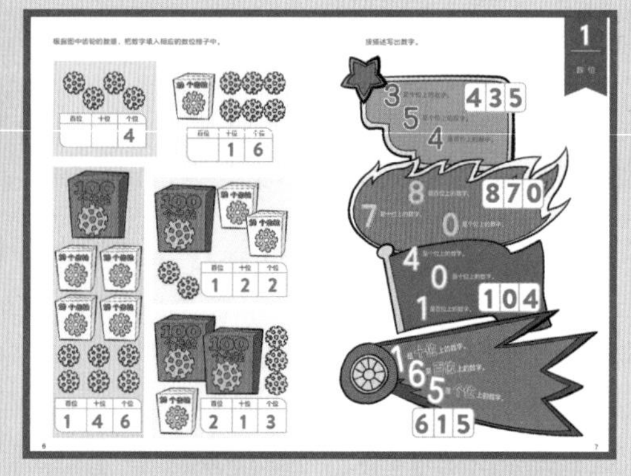

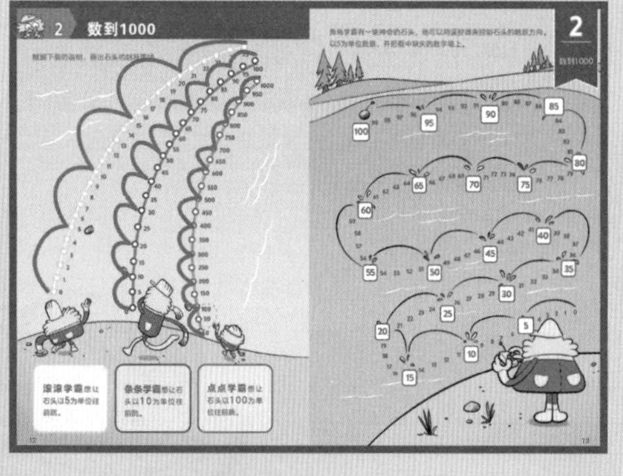

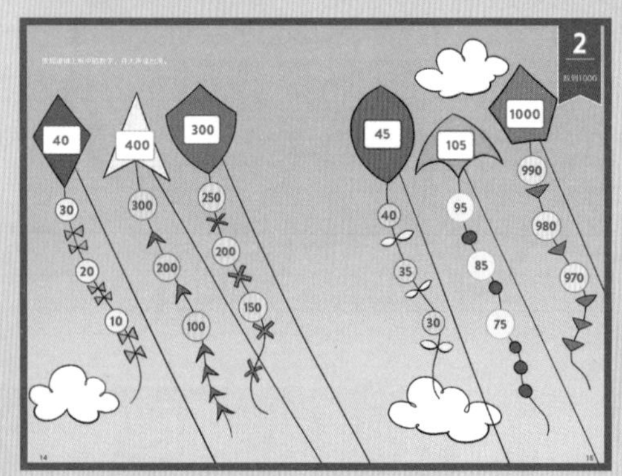

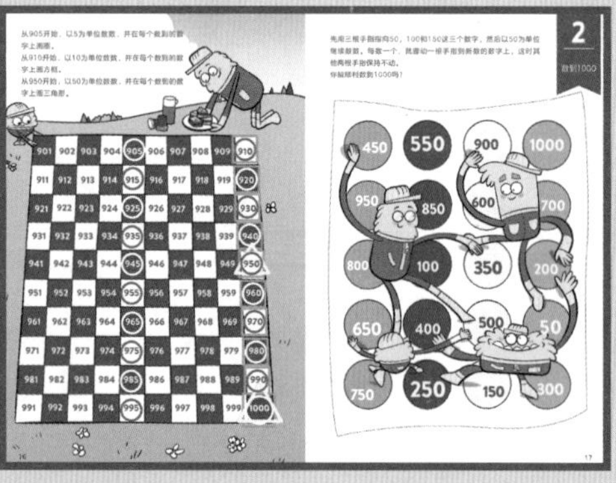

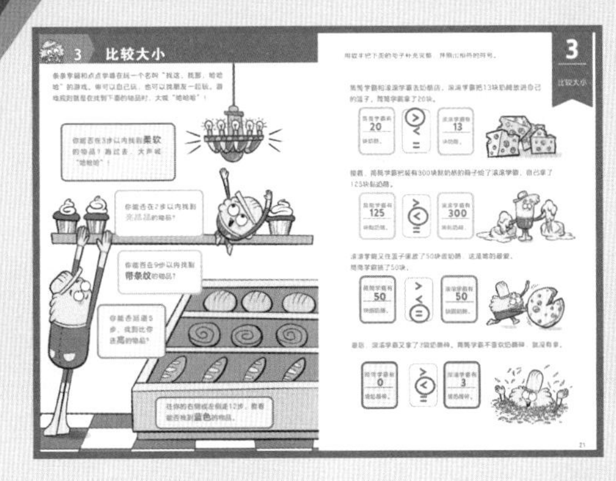
3 比较大小
3
比较大小

3
747 > 724
537 < 812
981 = 981
743 > 643
619 < 632
501 > 491
15 = 15
113 = 113

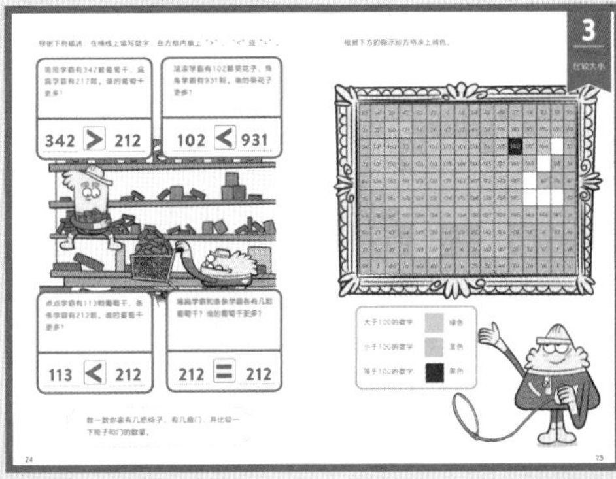
3
342 > 212
102 < 931
113 < 212
212 = 212

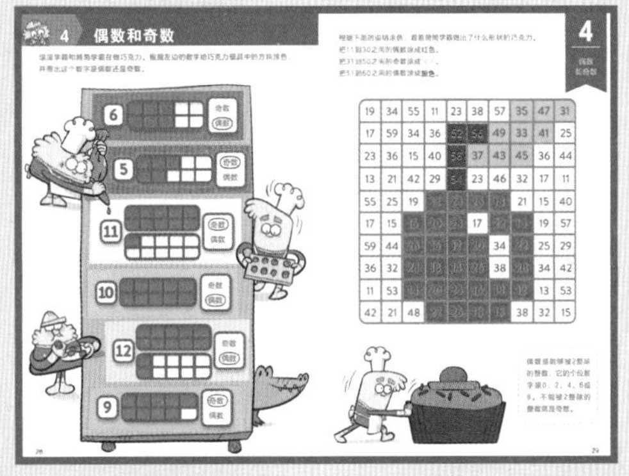
4 偶数和奇数
4

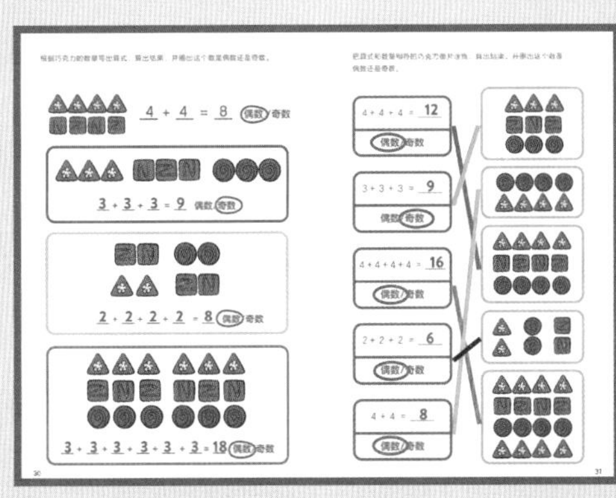
4 + 4 = 8
3 + 3 + 3 = 9
2 + 2 + 2 + 2 = 8
3 + 3 + 3 + 3 + 3 + 3 = 18

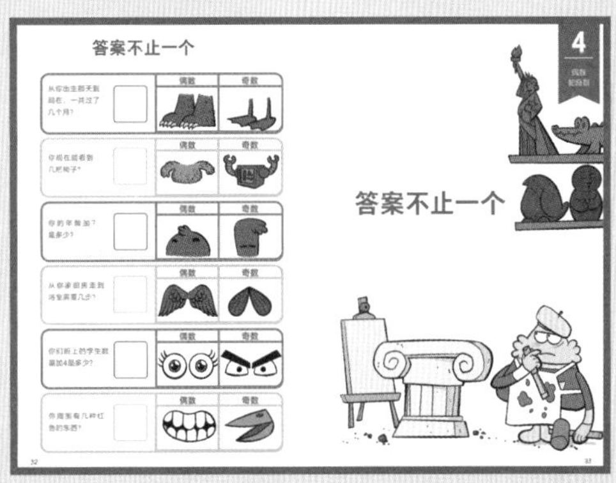
答案不止一个
4
答案不止一个

5 加减法
5

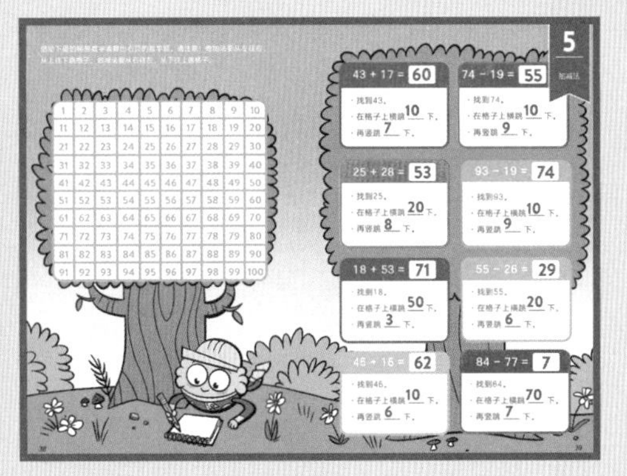
5
43 + 17 = 60
74 − 19 = 55
25 + 28 = 53
93 − 19 = 74
18 + 53 = 71
55 − 26 = 29
46 + 16 = 62
84 − 77 = 7

5

关于本系列

“麦克米伦轻松小学霸”系列丛书由专业从事儿童教辅图书出版的麦克米伦公司出品。它在美国众多知名教育学家和教师的指导下研发编写而成，适合4—8岁儿童分级阅读。每个孩子都要从ABC和123学起，关键在于如何让他们从中发现乐趣，并具备终身学习的能力。

本系列分为数学、英语、科学三个学科，共包含36个分册，每册包括5个贴近儿童生活的主题。小读者可以在6个小学霸的带领下畅游轻松小镇，并在游戏中培养兴趣、汲取知识、解决问题。

本册《数学 ⑪》简体中文版由北京市海淀区数学学科带头人孟丹老师审订推荐。

麦克米伦轻松小学霸

数学

SHUXUE

[美] 伊妮尔・西达特　著
[美] 莱斯・麦克莱恩　绘
陈芳芳　译

接力出版社
Publishing House

桂图登字：20–2020–040

TINKERACTIVE WORKBOOKS:2ND GRADE MATH by
Enil Sidat,illustrations by Les McClaine

Published with arrangement by Odd Dot, an imprint of Macmillan Publishing Group, LLC.

图书在版编目（CIP）数据

数学 . 11 /（美）伊妮尔・西达特著；（美）莱斯・麦克莱恩绘；陈芳芳译 . — 南宁：接力出版社，2022.9
（麦克米伦轻松小学霸）
书名原文：TinkerActive Math 2 Grade
ISBN 978-7-5448-7530-1

Ⅰ. ①数⋯ Ⅱ. ①伊⋯②莱⋯③陈⋯ Ⅲ. ①数学–儿童读物 Ⅳ. ① O1-49

中国版本图书馆 CIP 数据核字（2022）第 002598 号

目 录

1 多位数加法

观察每个算式，先把个位数相加达到10的数组圈起来，然后把十位数相加达到10的数组圈起来，最后计算出每个算式的结果。

21 + 14 = 35

	十位	个位
21	■■	■
+14	■	■■■■

37 + 22 = ____

	十位	个位
37	■■■	■■■■■■■
+22	■■	■■

74 + 16 = ____

	十位	个位
74	■■■■■■■	■■■■
+16	■ ■	■■■■■■

32 + 18 = ____

	十位	个位
32	■■■	■■
+18	■	■■■■■■■■

86 + 25 + 18 = ______

	百位	十位	个位
86			
25			
+18			

63 + 58 + 12 = ______

	百位	十位	个位
63			
58			
+12			

观察每个算式，按照十位和个位的数字把相应的方格涂上颜色，然后算出结果。

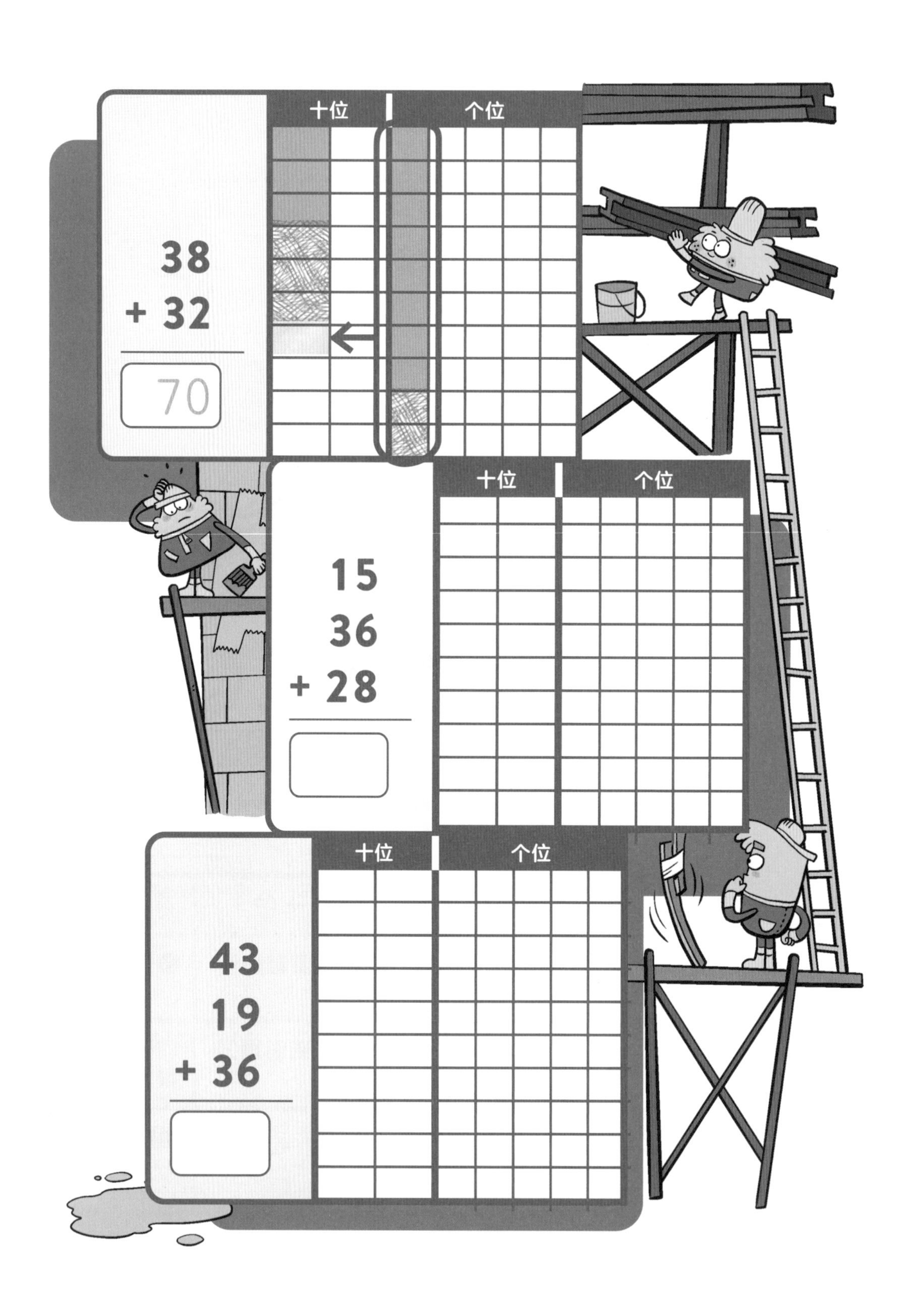

十位
个位
27
48
+ 16
十位
个位
13
29
+ 47
十位
个位
48
36
+ 15

根据算式里的加数，在相应数位上画出对应数量的方块，然后把它们相加。圈出相加达到10的数组，必要时向十位或百位进位。

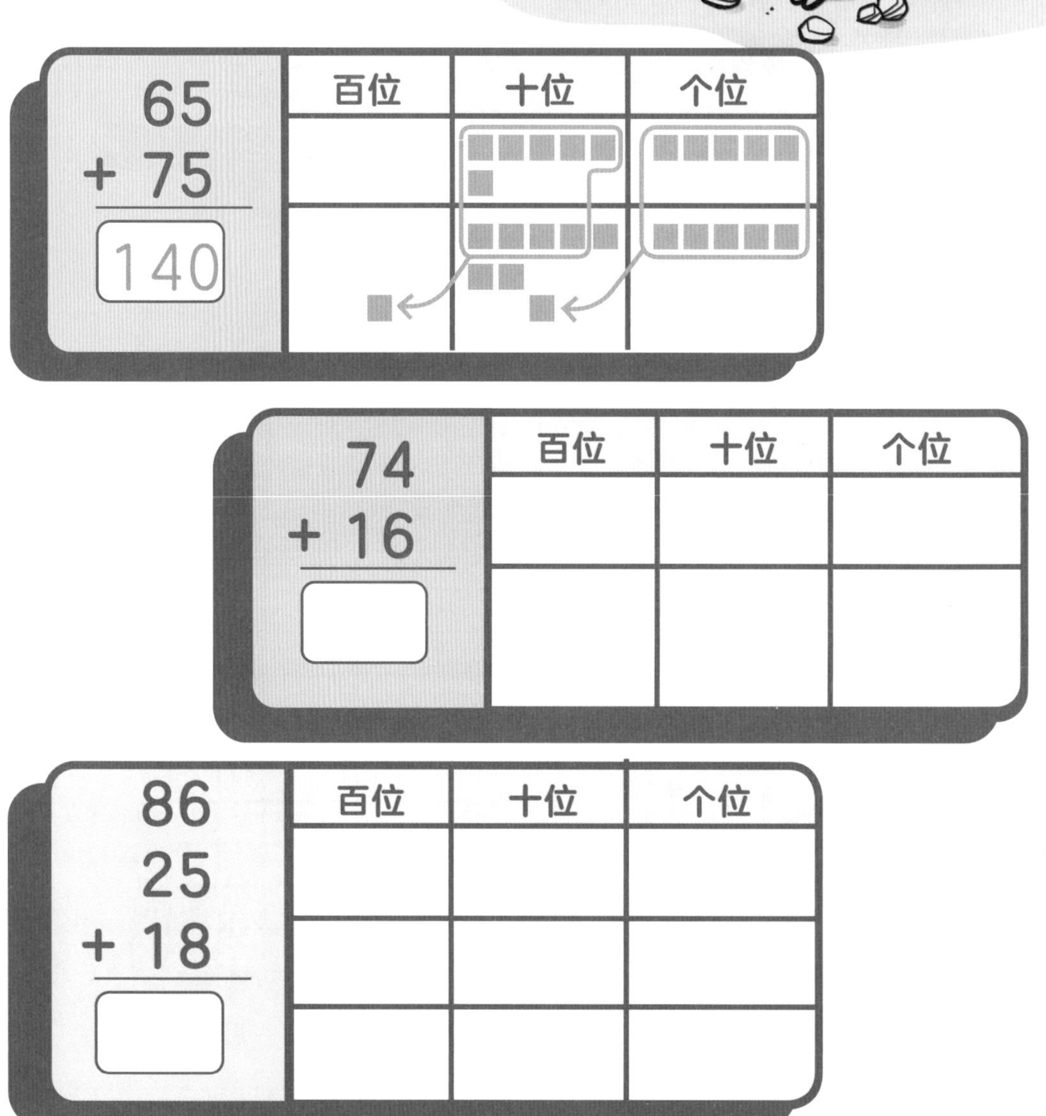

65 + 75 = 140	百位	十位	个位
65		■■■■■■	■■■■■
75	■	■■■■■■■ ■	■■■■■

74 + 16 =	百位	十位	个位
74			
16			

86 + 25 + 18 =	百位	十位	个位
86			
25			
18			

68 + 38 + 13 =	百位	十位	个位
68			
38			
13			

根据示例找到凑数巧算的方法，并完成所有算式。

25 + 15 = 40

20 + 5 + 10 + 5

30 + 10 = 40

28 + 12 + 36 = ____

20 + 8 + 10 + 2 + 30 + 6

59 + 51 + 33 = ____

19 + 41 + 23 = ____

开始吧！把这些工具和材料找齐。

4个骰子

图画纸

记号笔

剪刀
（在家长帮助下使用）

豆子

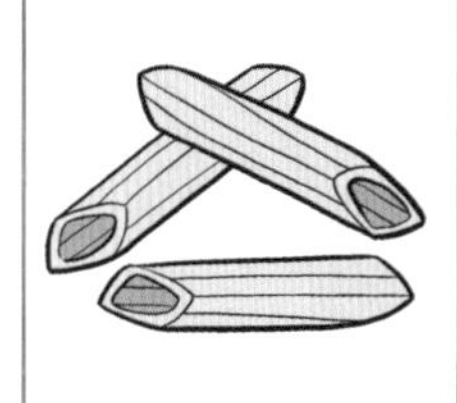
通心粉

棉球

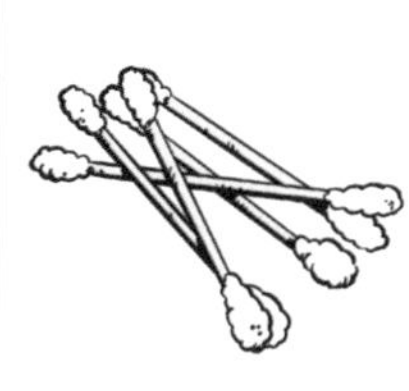
棉签

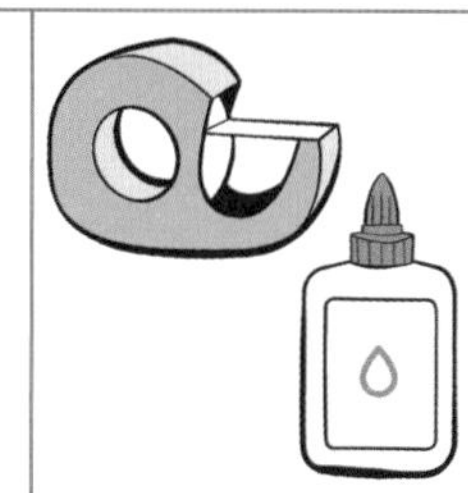
胶带或胶水

动动脑！

把骰子**分**成2组来投出2个数字。你可以根据喜好把每组的任一数字当作十位数或个位数。两组数字的和各是多少？你能心算出来吗？

动动手：转盘游戏！

1. 在两张图画纸上各**画**一个圆，并把它们**剪**下来，这样你就有了两个转盘。

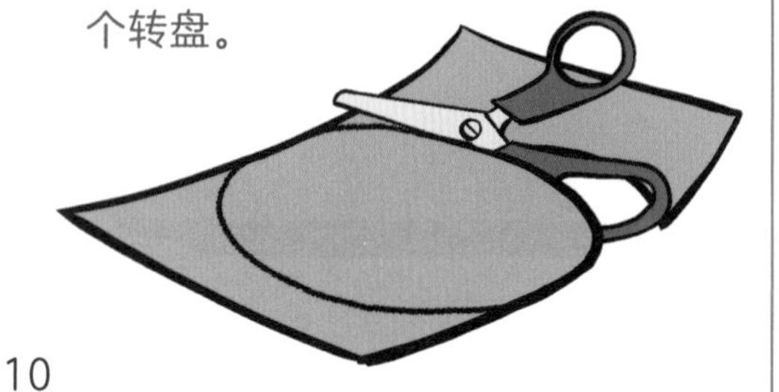

2. 把每个转盘**分**成六等份，在空格里**写**出20到50间的任意一个两位数。

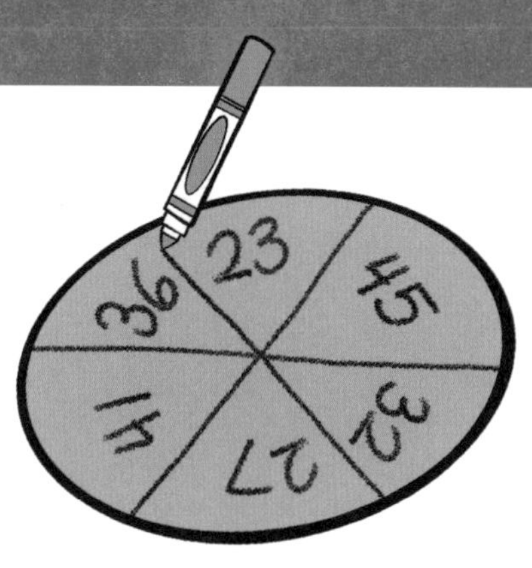

3. 在转盘中间**放**一根记号笔当作指针。

4. **转动**两个转盘上的记号笔，在另一张纸上**记录**下笔帽指向的数字。把两个数字相加**求**出结果。你和小伙伴轮流玩，谁的计算结果更接近100，谁就获胜。

做设计！

小学霸们正在一起做手工！他们打算用至少10颗豆子、10个通心粉、10个棉球、10根棉签做出自己最喜欢的动物。他们该怎么拼出动物的造型呢？

用准备好的物品**摆**出动物的造型，并把所用的每种物品的数量记录下来。你一共用了多少物品？你能用更多的物品摆出其他动物造型吗？

2 多位数减法

为每个小学霸画出回到地面的路线，注意每一步的数字之和要与他们头顶上的数字相等。

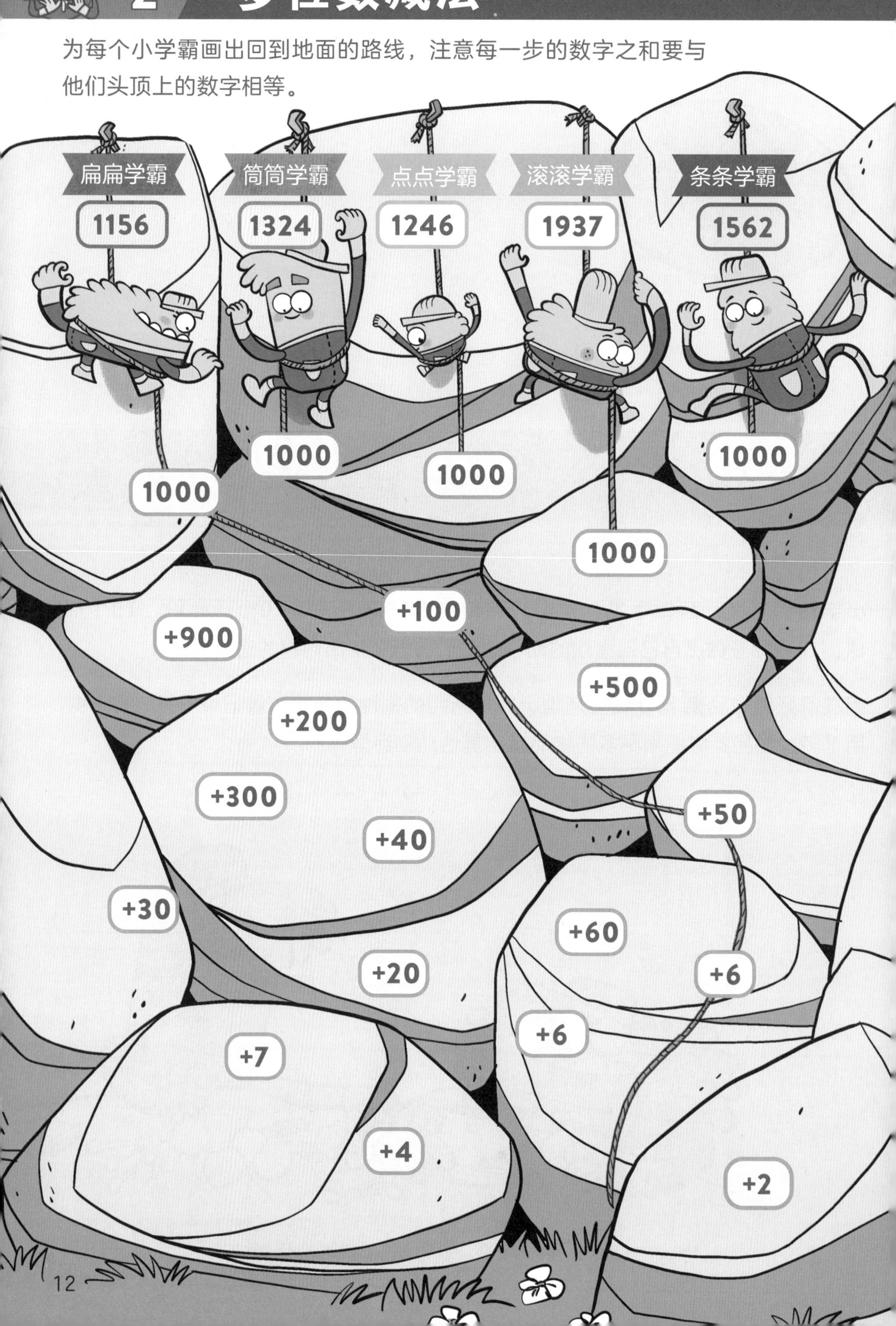

求出下列减法算式的结果。

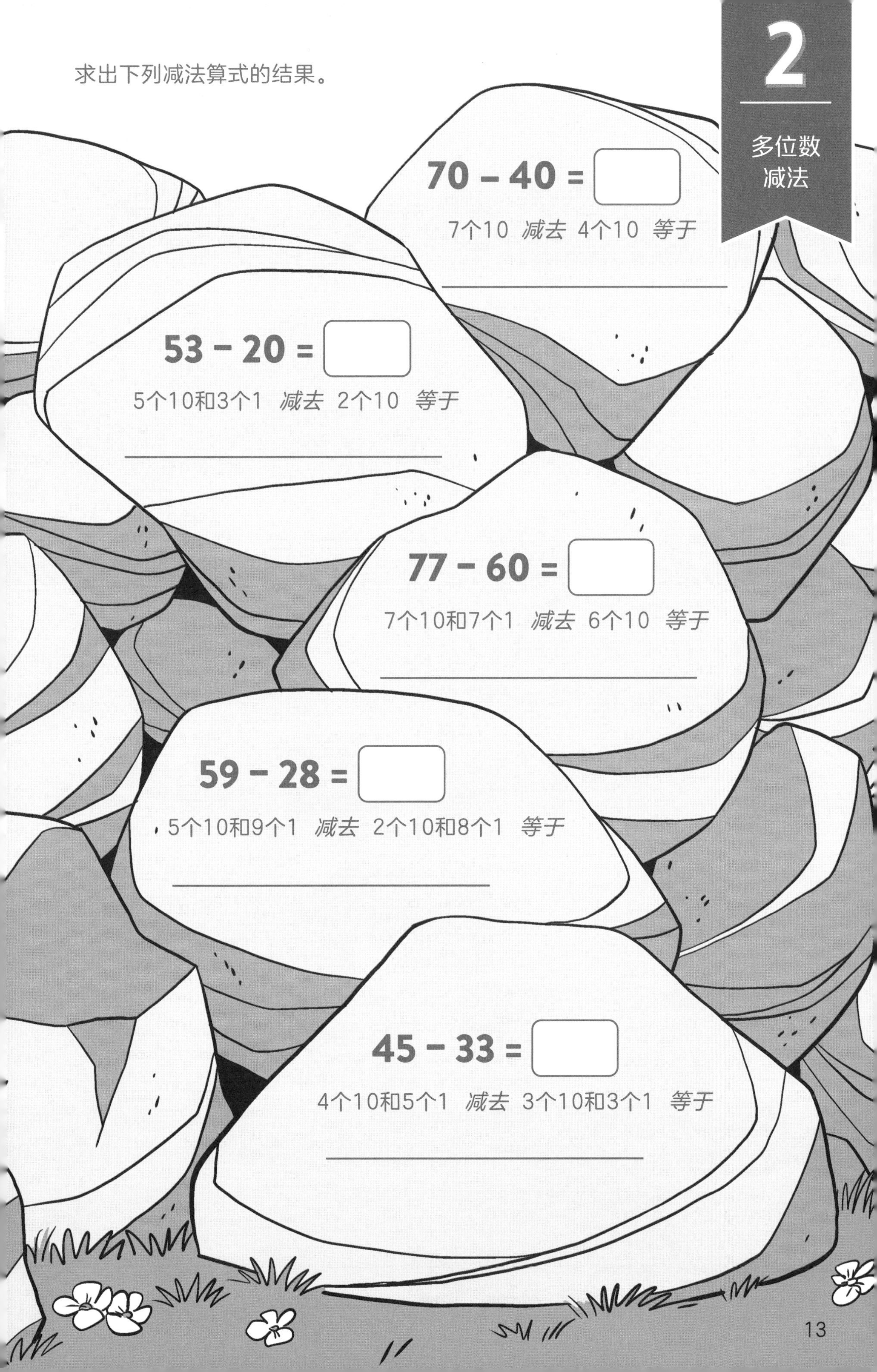

通过拆分减数的百位数、十位数和个位数来求出算式结果。

643 − 126 =
427 − 213 =
866 − 542 =
981 − 580 =

利用数位表来算出减法算式的结果。

$39 - 12 =$ 27

十位	个位
●●✗	●●●●● ●●●✗✗
2	7

$58 - 26 =$ ____

十位	个位

$76 - 43 =$ ____

十位	个位

$98 - 25 =$ ____

十位	个位

小学霸们准备去远足！利用数位表帮助他们计算打包用品的数量。

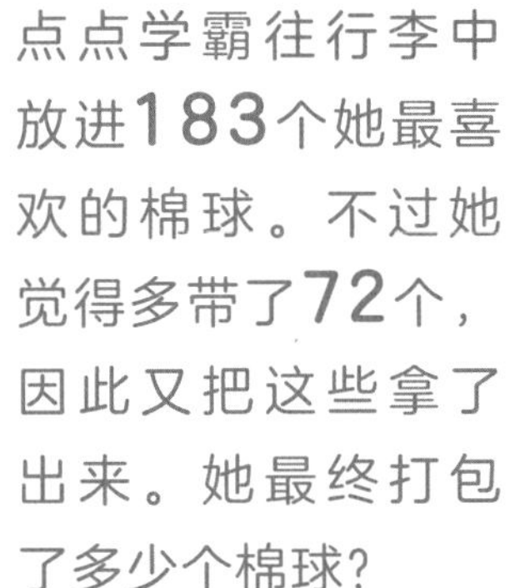

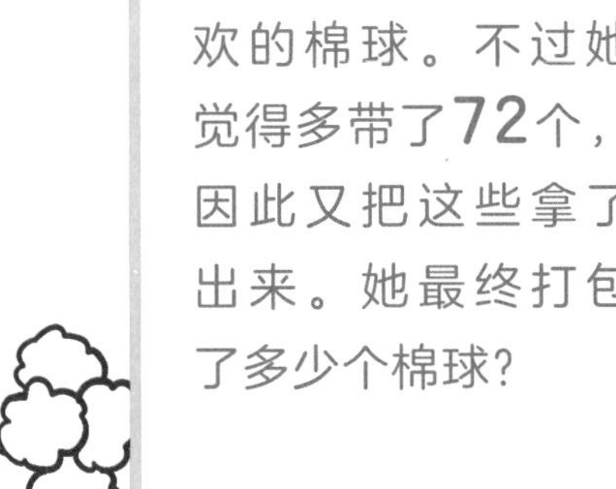

点点学霸往行李中放进183个她最喜欢的棉球。不过她觉得多带了72个，因此又把这些拿了出来。她最终打包了多少个棉球？

角角学霸往行李中放进175个鸡蛋三明治，但打包时他就吃掉了30个。行李中还剩多少个鸡蛋三明治？

条条学霸往行李中放进432根橡皮筋，滚滚学霸比他少带了100根。滚滚学霸带了多少根橡皮筋？

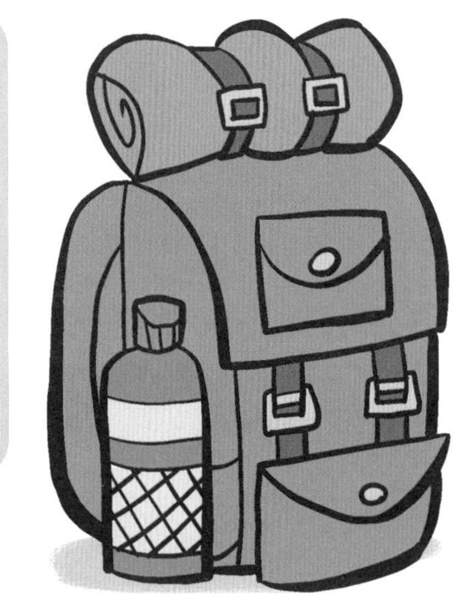

开始吧！把这些工具和材料找齐。

爆米花

画笔

各色颜料

30块石头
（10块较大的，10块中等大小的，10块较小的）

动动脑！

装1碗爆米花，并**数**一数碗里一共有多少粒。**吃**掉5粒后还剩多少粒呢？吃掉10粒、50粒之后呢？现在碗里还剩多少粒爆米花？

动动手：堆石头！

1. **找**出10块较大的石头、10块中等大小的石头、10块较小的石头。把它们**洗净**并**晾干**。

2. 把较大的石头**涂**成红色、粉色或橙色。晾干后，用黑色颜料在上面**写**出100。

3. 把中等大小的石头**涂**成黄色或绿色。晾干后，用黑色颜料在上面**写**出10。

4. 把较小的石头**涂**成蓝色或紫色。晾干后，用黑色颜料在上面**写**出1。

把这些石头随意地堆在一起并把上面的数字相加，你得出的总数是多少？如果拿掉其中一块石头，总数发生了怎样的变化？

做设计！

小学霸们在用堆石头的方式找到自己的幸运数。点点学霸堆出来的幸运数是434，筒筒学霸堆出来的幸运数是376，这两个幸运数之间相差多少呢？

如果不用笔计算，他们该怎么算出差值呢？

利用涂完颜色的石头**堆**出两个小学霸的幸运数，并计算出两个数字的差值。

项目2：完成！
请领取你的任务贴纸！

解答下列应用题。

在轻松小镇的狂欢节上，扁扁学霸吃了9个馅饼，然后又吃了4个。点点学霸吃了2个馅饼。他们一共吃了几个馅饼？

筒筒学霸赢得了19张奖券，扁扁学霸比筒筒学霸多赢得了24张奖券。扁扁学霸赢得了几张奖券？

筒筒学霸在力量比赛中达到了5级的水平，第二次尝试时比第一次高了3级，第三次尝试时比第二次高了4级。最后他达到了几级水平？

角角学霸在“松软棉球比赛”中打败了27个选手，在“看谁跑得快”比赛中打败了10个选手，在“看谁扭得欢”比赛中打败了2个选手。他一共打败了几个选手？

点点学霸获得了27座奖杯，扁扁学霸比点点学霸少获得了5座。扁扁学霸获得了几座奖杯？

滚滚学霸在“旋转骑行”比赛中，第一次骑出了12秒的成绩，第二次所用的时间更短。她两次总共的骑行时间是20秒，那么第二次她骑出了几秒的成绩？

朗读下面的故事，并在右页找出与描述相符的照片。在需要相加的数字上画“O”，在需要减去的数字上画“ϕ”。

条条学霸在游乐园中跑来跑去，拍下了小棉球穿着不同服装的照片。他在餐厅看到了10个穿着牛仔服的小棉球，又在喷泉边上看到了2个。

他看到蹦床上有14个穿航天服的小棉球，而后又来了4个。不过当其中10个脱掉头盔后，条条学霸才发现它们穿着海盗服！

另外还有12个穿着海盗服的小棉球站在餐车旁，旁边还有4个穿着牛仔服的小棉球。

在舞厅里，他看到了7个牛仔小棉球、2个海盗小棉球、7个武士小棉球和1个航天员小棉球。

条条学霸整理照片时，不小心把10个牛仔小棉球和3个航天员小棉球的照片删掉了。

你能根据上面的叙述设计一道应用题吗？

3
应用题
条条学霸的相机里，各有多少张穿着不同服装的小棉球照片？
牛仔小棉球：______
武士小棉球：______
航天员小棉球：______
海盗小棉球：______

填写算式，算出结果，并根据奖券数把他们和他们可能会获得的奖品连起来。

条条学霸在狂欢游戏中赢了73张奖券，他给出20张，而后又赢了17张。

第一步：73 - 20 = 53

第二步：53 + 17 = 70

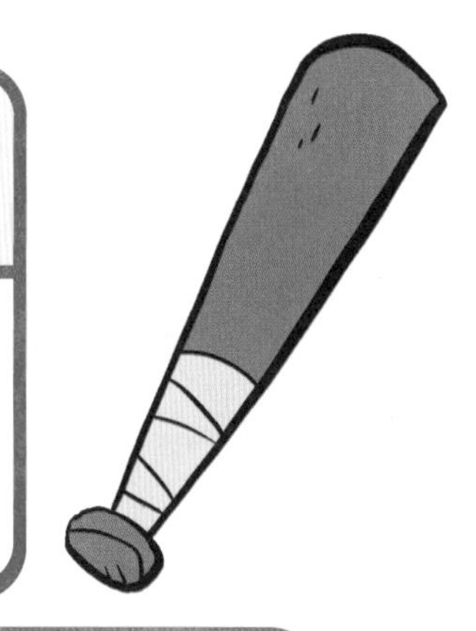

角角学霸在松软棉球比赛中赢了84张奖券，在跳舞比赛中赢了11张，可惜因为口袋上有个洞丢了20张。

第一步：84 + 11 = ____

第二步：____ - 20 = ____

滚滚学霸赢了81张奖券，在“旋转骑行”中不小心弄丢30张，而后又赢了23张。

第一步：81 - 30 = ____

第二步：________

点点学霸只赢了9张奖券，扁扁学霸送给她65张奖券，可其中有40张因沾上了馅料而作废。

第一步：________

第二步：________

76
75
74
88
80
95
34
70
角角学霸
滚滚学霸
条条学霸
点点学霸

开始吧！把这些工具和材料找齐。

棉球

图画纸

剪刀
（在家长帮助下使用）

胶水

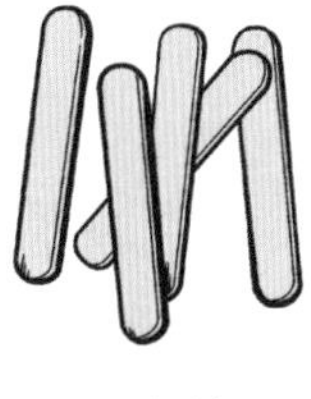
小木棒

橡皮筋

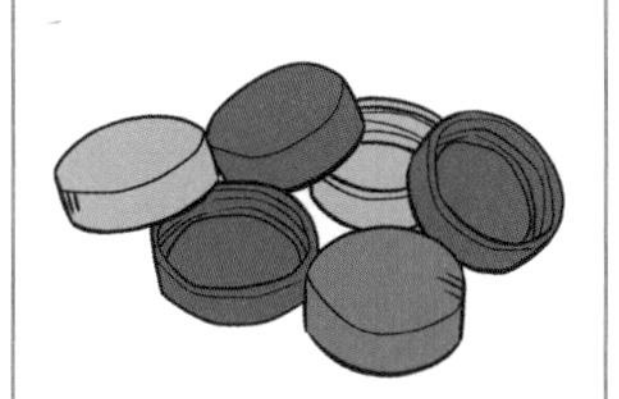
瓶盖

水桶

动动脑！

把棉球**改造**成牛仔小棉球、航天员小棉球、海盗小棉球和武士小棉球。用图画纸给3个牛仔小棉球做3顶帽子，给5个航天员小棉球做5顶头盔，给4个海盗小棉球做4副眼罩，给5个武士小棉球做5枚飞镖。

把这些道具粘在棉球上，现在你一共有多少个小棉球？

动动手：棉球弹弓！

1. 把3根小木棒**叠**在一起，用橡皮筋**绑**住两端。

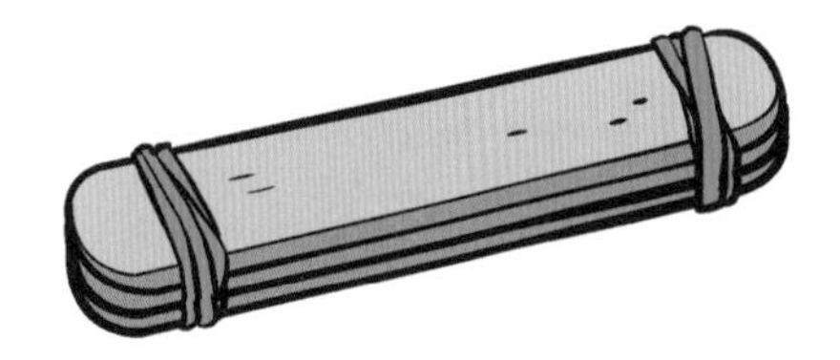

2. 把2根小木棒**叠**在一起，用橡皮筋**绑**住其中一端。

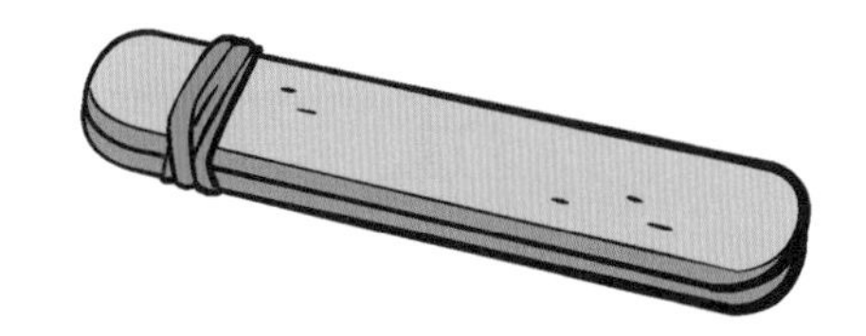

3. 按图示的方法**放置**小木棒，用橡皮筋**绑**住三个交接处。

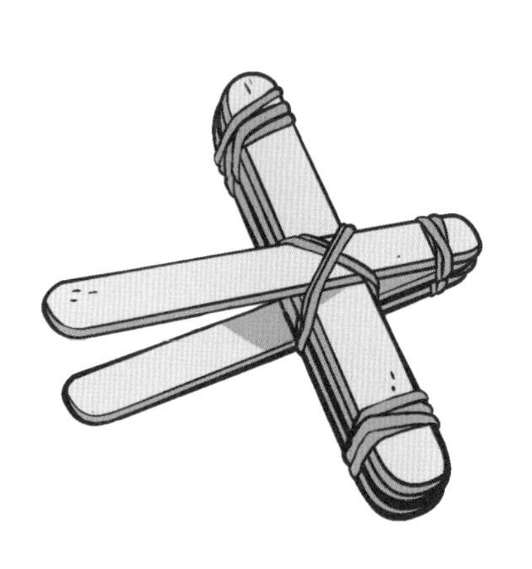

4. 在图示的位置上**涂**胶水，把瓶盖**粘**在小木棒上。

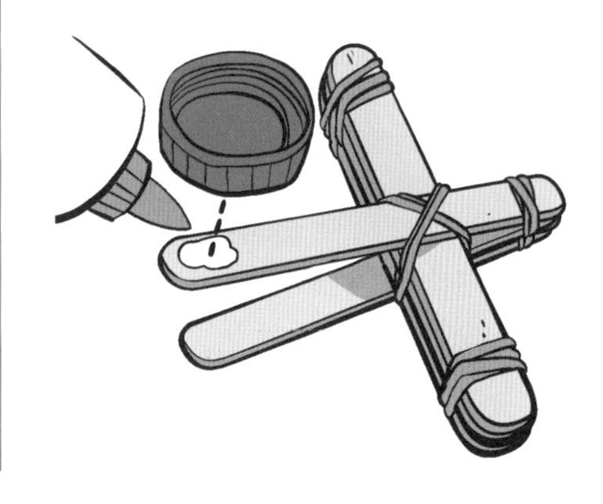

现在你就可以用这个弹弓弹射棉球啦！你还可以通过增减小木棒和橡皮筋数量的方式来改良弹弓。什么因素会影响弹弓的精准度和射程呢？

做设计！

小学霸们在玩“弹射棉球”的游戏，只要把小棉球弹到水桶里就能得分。弹进海盗小棉球得9分，弹进航天员小棉球得7分，弹进牛仔小棉球得16分，弹进武士小棉球得24分。要想打破角角学霸的纪录，滚滚学霸需要得到47分以上。

滚滚学霸该怎么打破角角学霸的纪录呢？

用你做的弹弓**弹射**棉球，试着帮滚滚学霸打破角角学霸的纪录。如果不行，就改良弹弓的设计，增加弹弓的射程和精准度。

项目3：完成！

请领取你的任务贴纸！

4 测量

每到周四，小学霸们都会进行叠罗汉比赛，并以厘米为单位测量谁叠得高。

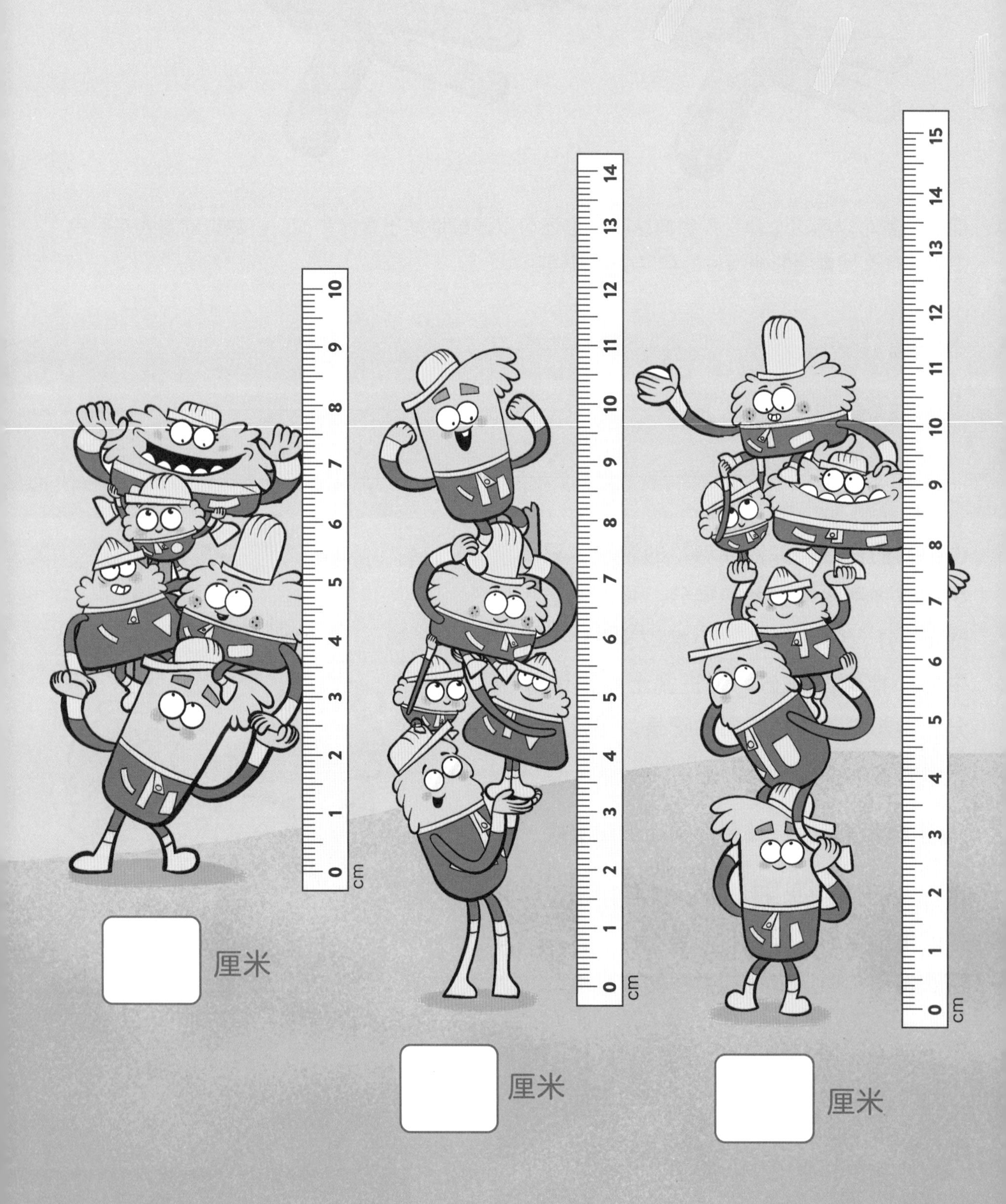

☐ 厘米

☐ 厘米

☐ 厘米

15
14
13
12
11
10
9
8
7
6
5
4
3
2
1
0
cm
12
11
10
9
8
7
6
5
4
3
2
1
0
cm
9
8
7
6
5
4
3
2
1
0
cm

厘米

厘米

厘米

圈出用来测量下列物品的最佳工具。

直尺

钢卷尺

皮软尺

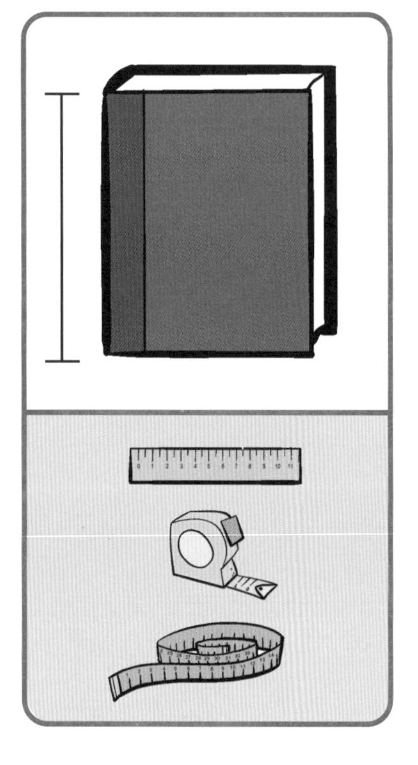

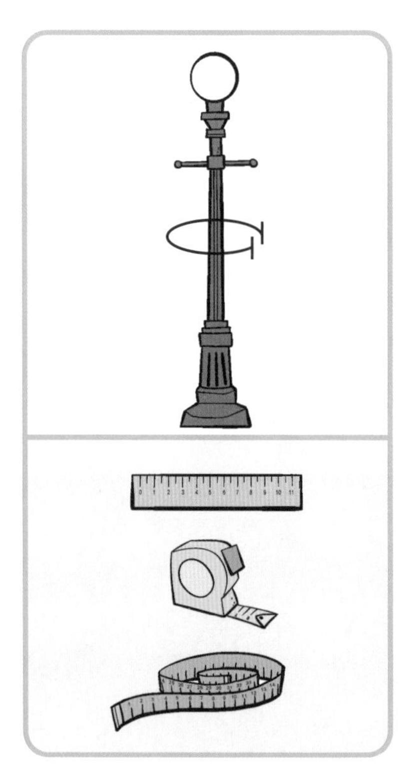

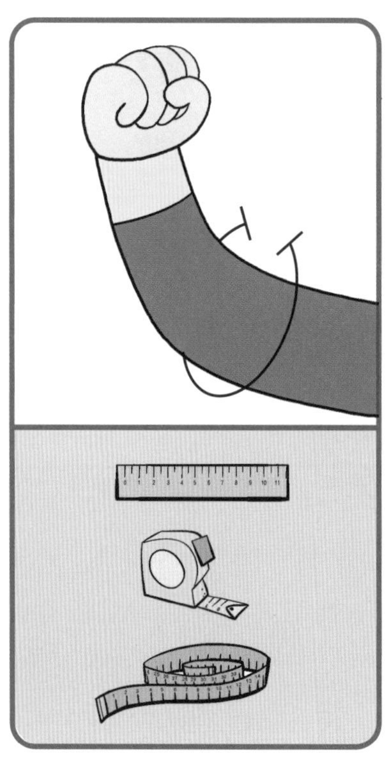

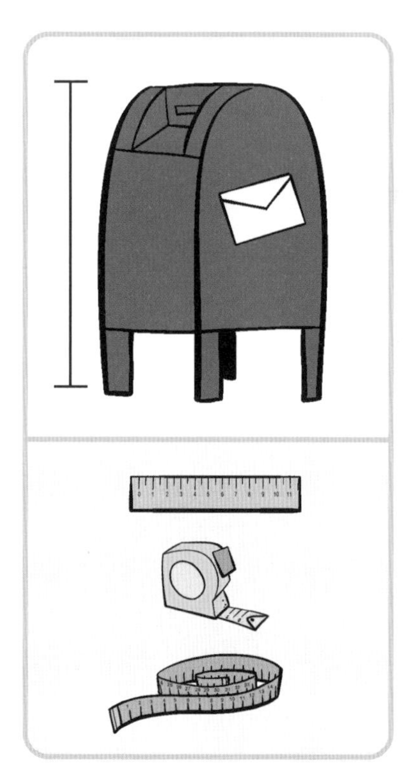

圈出测量下列事物应该使用的单位，并估算高度。

厘米　分米　米

估算结果：

厘米　分米　米

估算结果：

厘米　分米　米

估算结果：

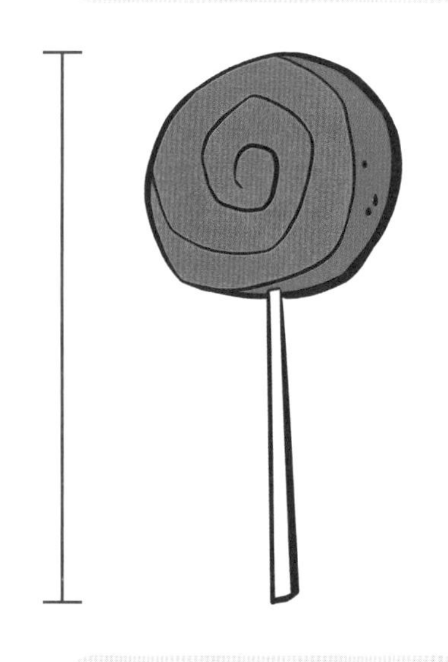

厘米　分米　米

估算结果：

估算一下你的胳膊的长度，然后用尺子量一量。你估算的数值和实际长度相差多少？

把一只手放在下面的空白处，并用笔描出手的轮廓。

用尺子量一量每根手指的长度，并在每根手指旁写出测量结果。

测量一下整只手的长度，并把测量结果写在下方。

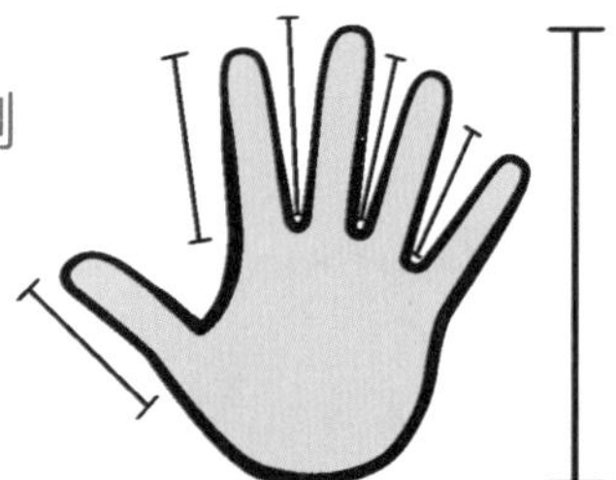

我的手总长度为 ______ 厘米。

用一只脚踩在下面的空白处，并用笔描出脚丫的轮廓。
测量一下整只脚的长度，并把测量结果写在下方。

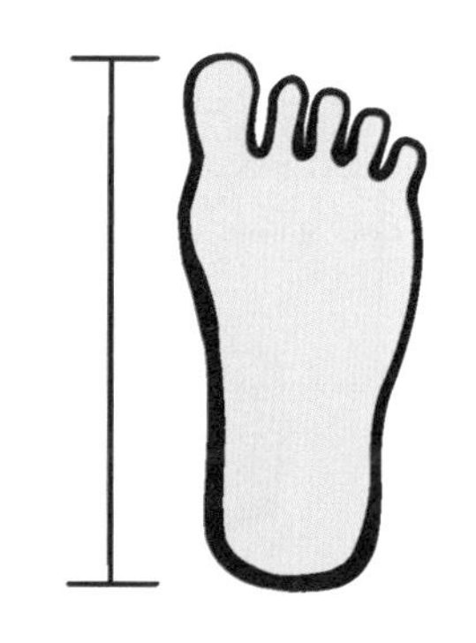

我的脚总长度为 ______ 厘米。

开始吧！把这些工具和材料找齐。

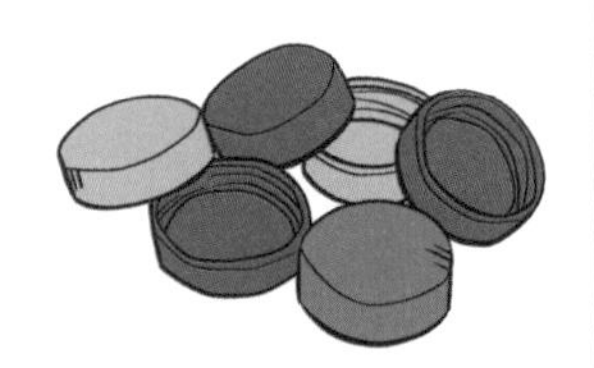 瓶盖	 钢卷尺	 剪刀（在家长帮助下使用）	 橡皮筋
 珠子或通心粉	 胶带	 直尺	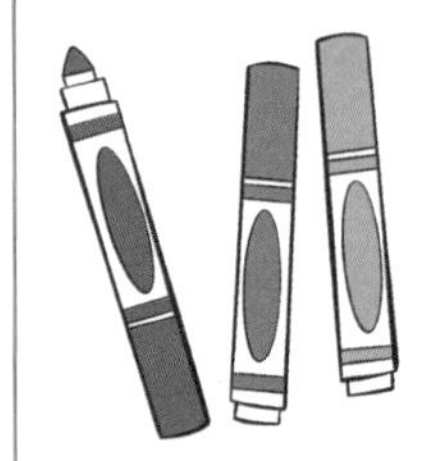 记号笔

动动脑！

在平坦的桌子或地面上**轻弹**、**击打**或**滑动**瓶盖，哪一种方式更省力？用哪一种方式瓶盖跑得更远？

估算一下瓶盖的移动距离，并用钢卷尺测量一下。

动动手：小学霸发射器！

1. 把橡皮筋**剪**开。

2. 用橡皮筋把两颗珠子或两根通心粉**穿**起来。

3. 把橡皮筋的两端**打结**，方便双手捏握。

4. 用贴纸**装饰**瓶盖。

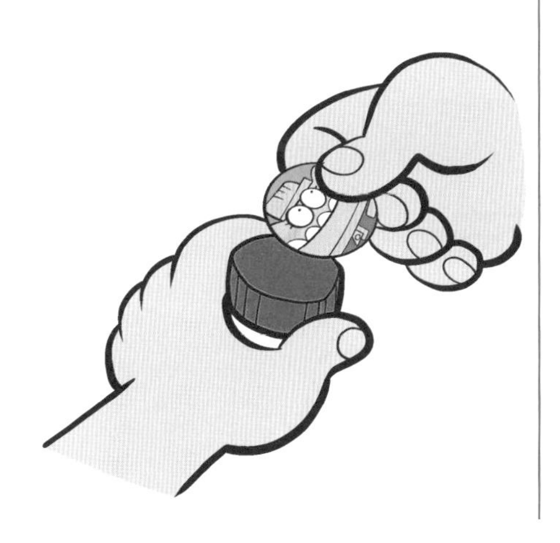

5. **拉紧**橡皮筋，把瓶盖发射出去，然后测量一下瓶盖的移动距离。

做设计！

为了让自己飞起来，角角学霸一直忙着做发射器。现在他终于做出来了，但没办法控制射程，他都不知道自己会落到何处！

该怎么改进发射器，让他想落到哪儿就落到哪儿呢？

把钢卷尺**拉**出一部分，放在桌子上。选一个位置**立**上记号笔，这就是角角学霸的降落地点。用刚做好的小学霸发射器弹射瓶盖来把记号笔击倒。

你成功了吗？如果没有成功，就改良一下发射器。如果成功了，就另选一个位置再次尝试。你该如何改良发射器来增加射程呢？

项目4：完成！
请领取你的任务贴纸！

5 长度单位

估算每个火车头的长度和高度，然后用直尺进行测量。

扁扁学霸的火车头

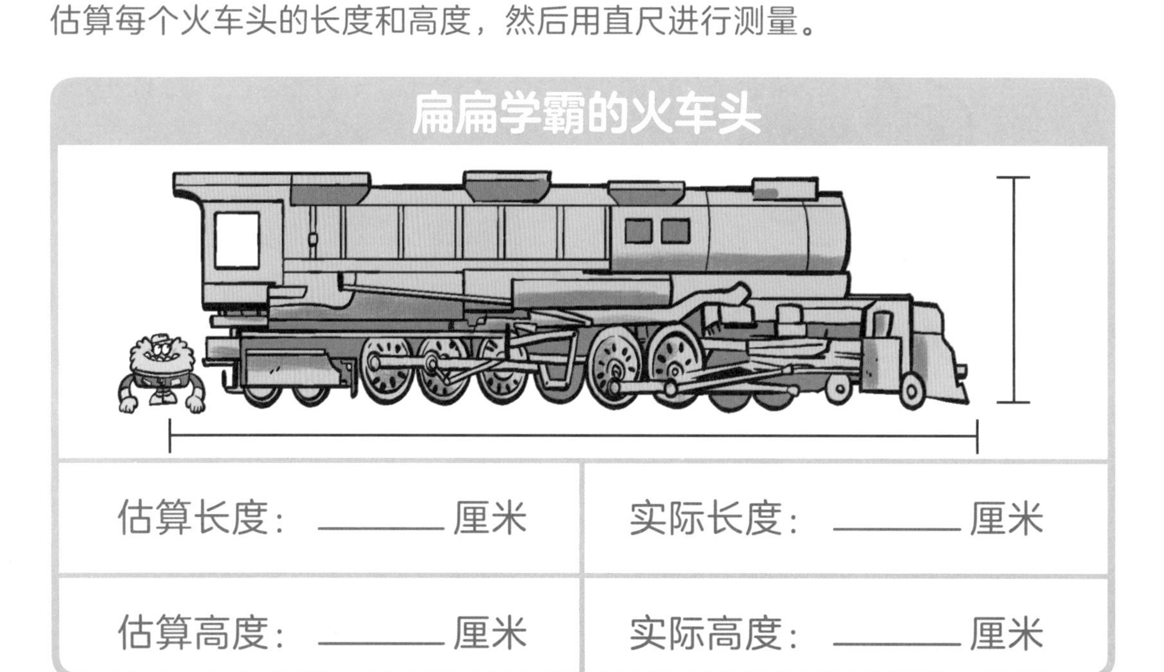

估算长度：______ 厘米	实际长度：______ 厘米
估算高度：______ 厘米	实际高度：______ 厘米

筒筒学霸的火车头

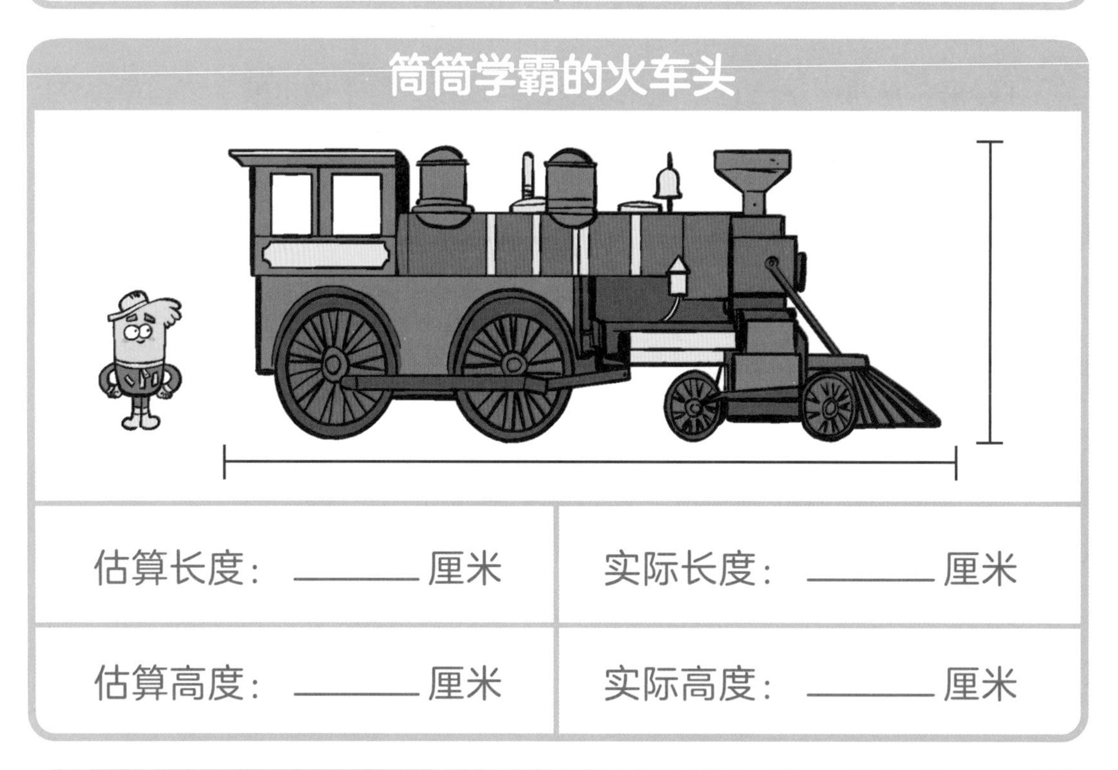

估算长度：______ 厘米	实际长度：______ 厘米
估算高度：______ 厘米	实际高度：______ 厘米

哪个火车头更长？______

更长的火车头比另一个火车头长多少？______

哪个火车头更高？______

更高的火车头比另一个火车头高多少？______

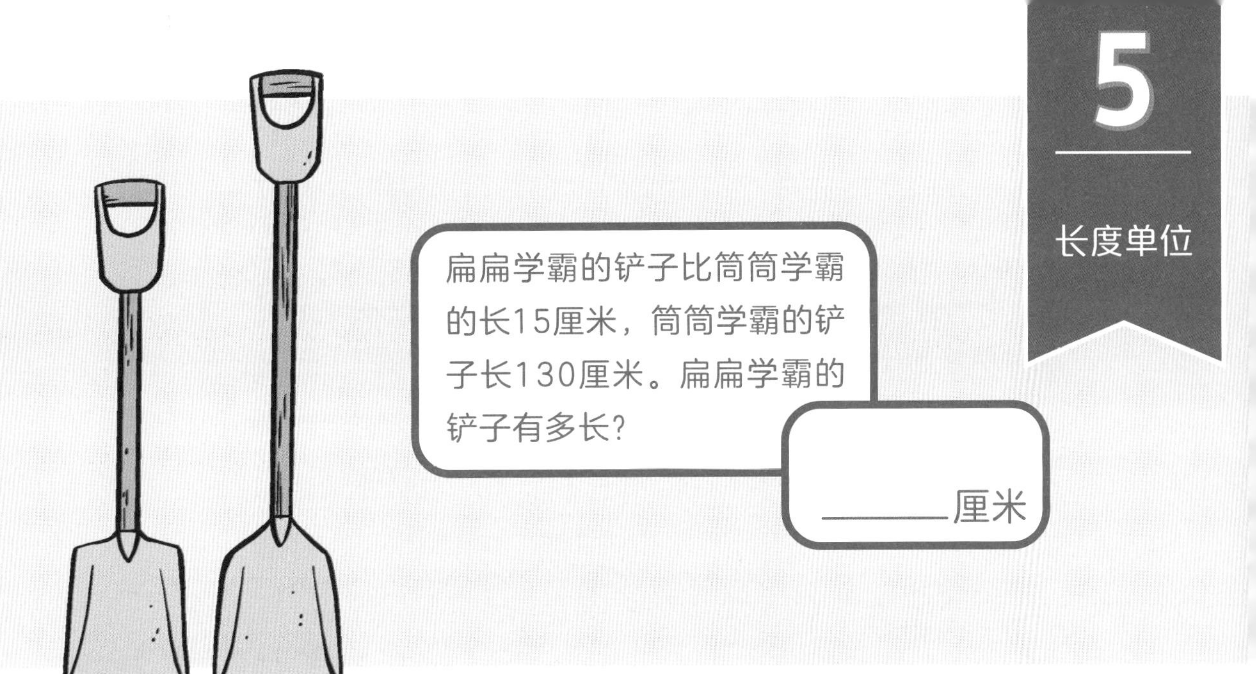
扁扁学霸的铲子比筒筒学霸的长15厘米，筒筒学霸的铲子长130厘米。扁扁学霸的铲子有多长？
______厘米

扁扁学霸的轨道标牌比筒筒学霸的矮10厘米，筒筒学霸的轨道标牌高81厘米。扁扁学霸的轨道标牌有多高？
______厘米

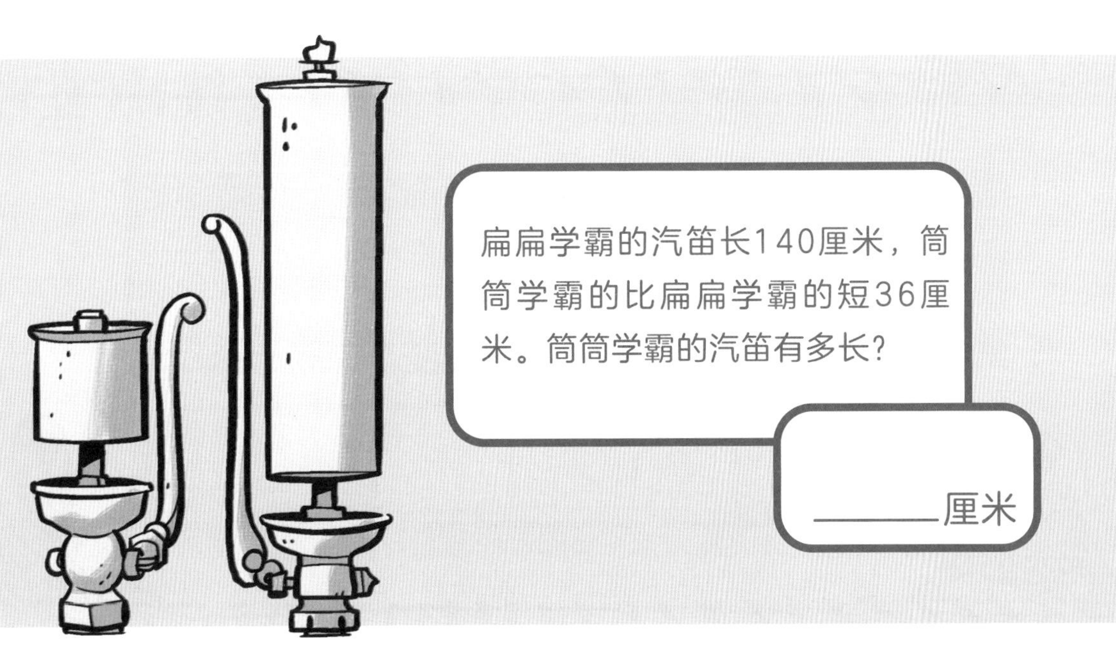
扁扁学霸的汽笛长140厘米，筒筒学霸的比扁扁学霸的短36厘米。筒筒学霸的汽笛有多长？
______厘米

根据刻度尺上的刻度解答下列问题。

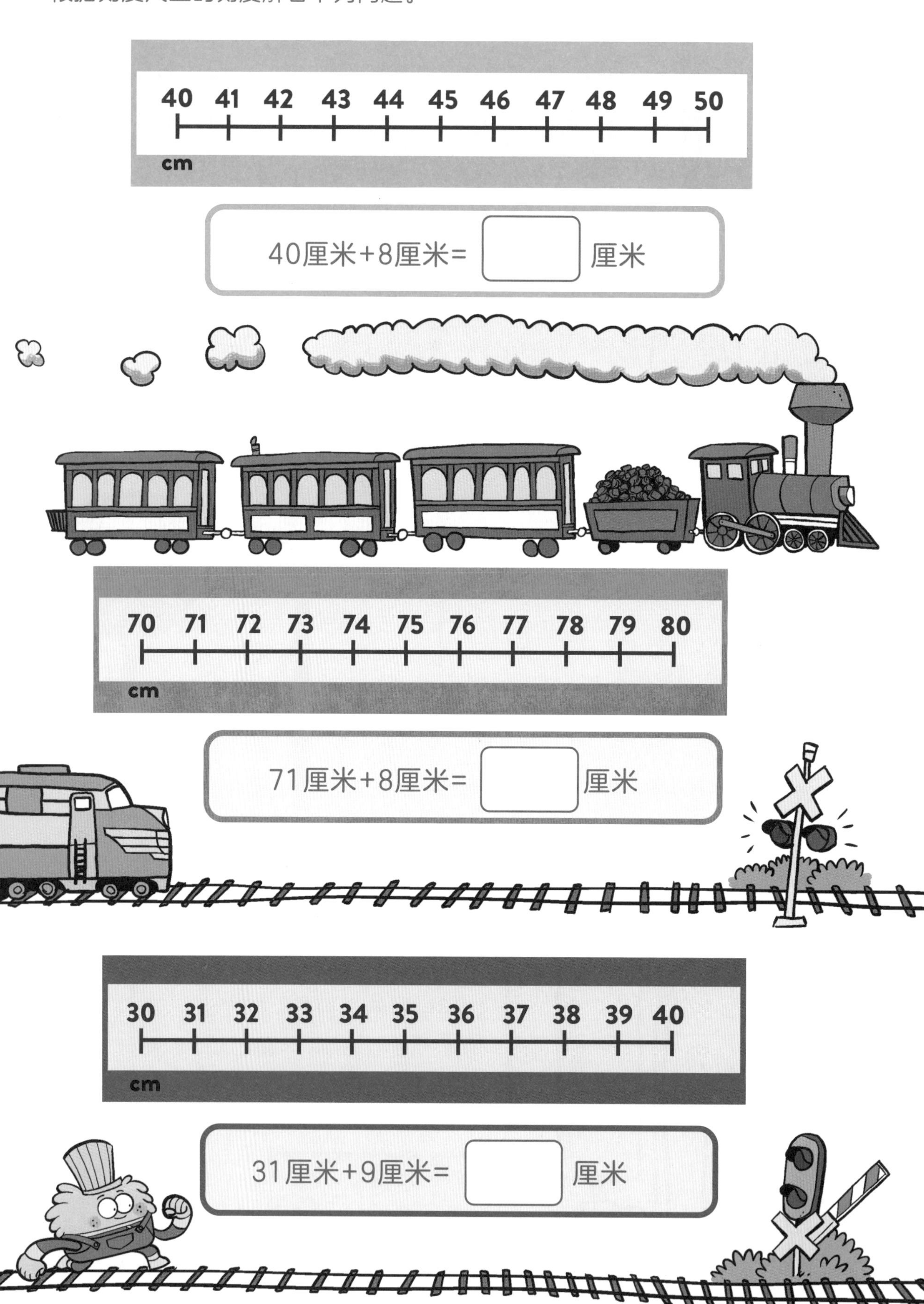

画出刻度尺上的刻度，并解答下列问题。

31厘米+11厘米= ☐ 厘米

56厘米+9厘米= ☐ 厘米

65厘米+12厘米= ☐ 厘米

量一量几支铅笔分别有多长。最长的有多长？
最短的有多长？最长的比最短的长多少？

以厘米为单位测量下列轨道的总长度。

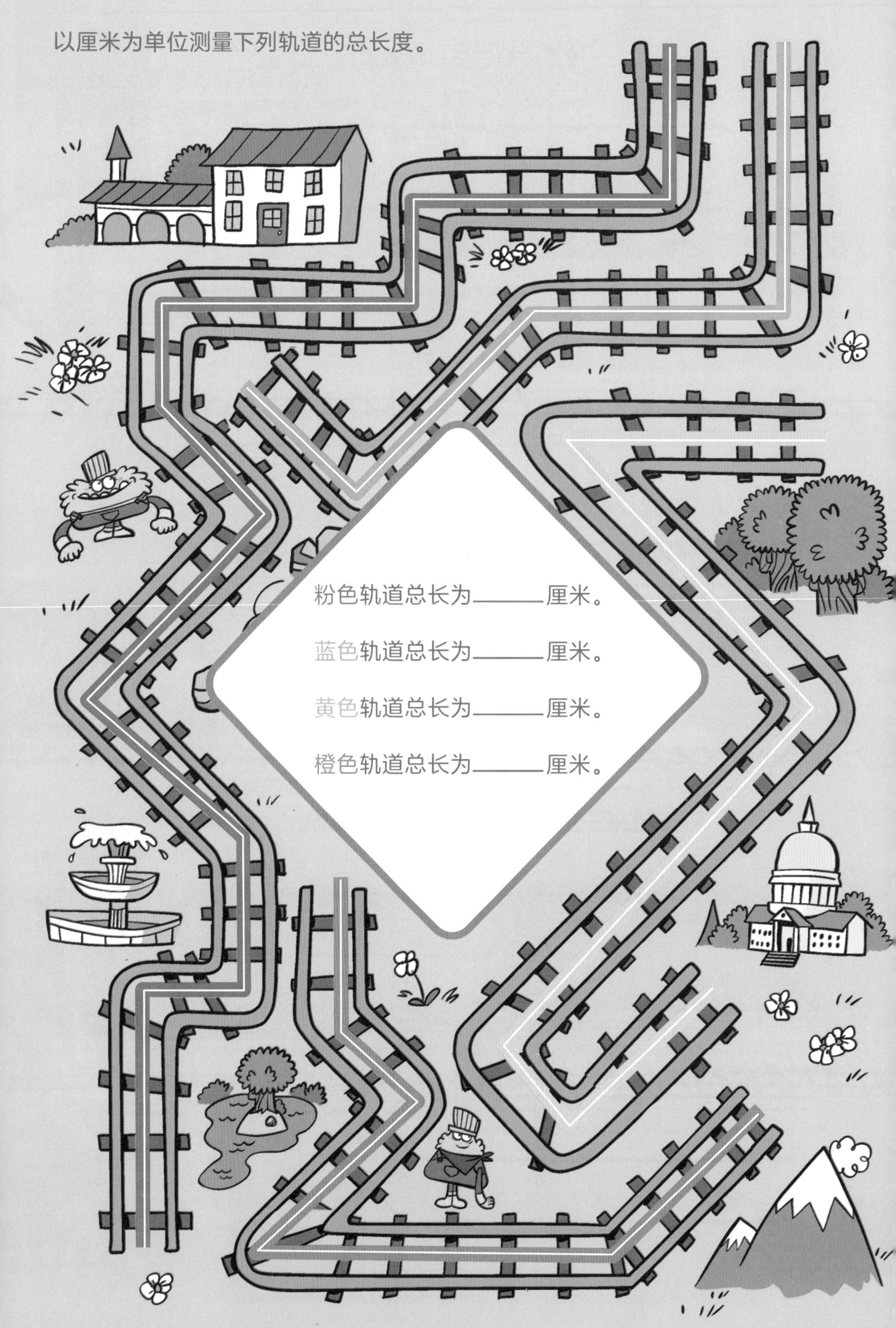

粉色轨道总长为______厘米。

蓝色轨道总长为______厘米。

黄色轨道总长为______厘米。

橙色轨道总长为______厘米。

粉色轨道和蓝色轨道哪条更短？

黄色轨道和粉色轨道哪条更长？

黄色轨道比粉色轨道长或短多少？

如果扁扁学霸选了粉色轨道，筒筒学霸等她到达正中间时才开始从蓝色轨道起点出发，那么谁剩下要走的路程更短？

黄色轨道比橙色轨道长或短多少？

橙色轨道比蓝色轨道长或短多少？

开始吧！把这些工具和材料找齐。

硬纸板

玻璃球

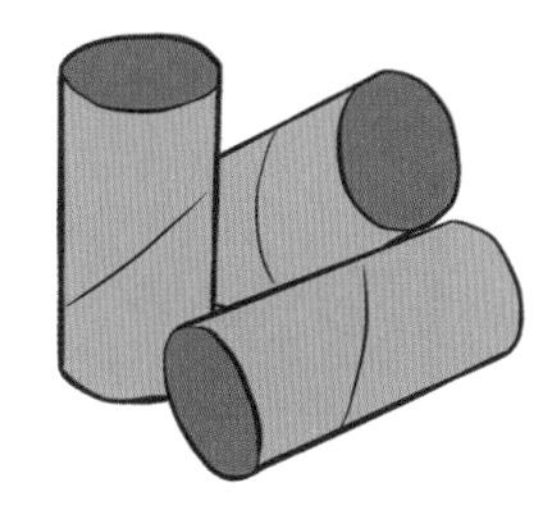
卫生纸筒或厨房用纸内芯

小木棒

胶带

剪刀
（在家长帮助下使用）

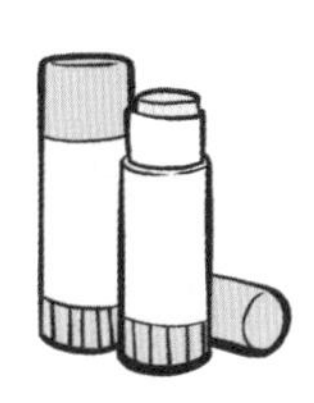
胶棒

动动脑！

分别在桌面、地毯和瓷砖表面用相同的力度**滚动**玻璃球，并**测量**一下玻璃球滚动的距离。

相比而言，玻璃球在哪里滚动得最远？在哪里滚动的距离最短？差值是多少？

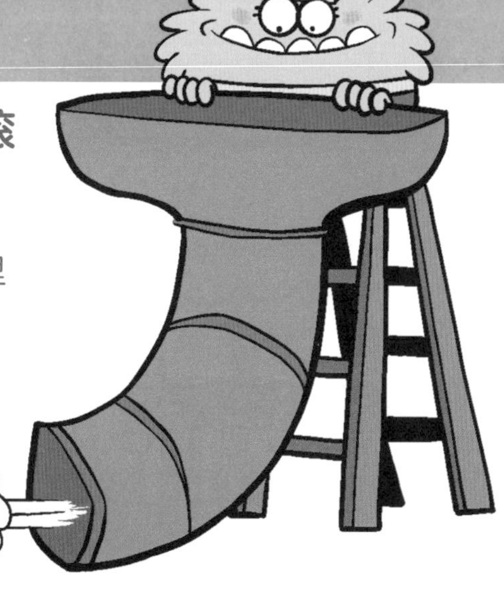

动动手：玻璃球滑道！

1. 按图示**粘**好小木棒，让它像滑道一样。

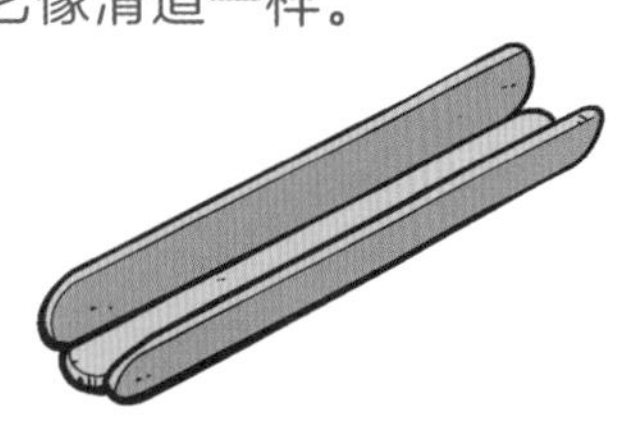

2. **剪**开卫生纸筒或厨房用纸内芯。

3. 用胶棒或胶带把各种样式的滑道**粘**在硬纸板上。

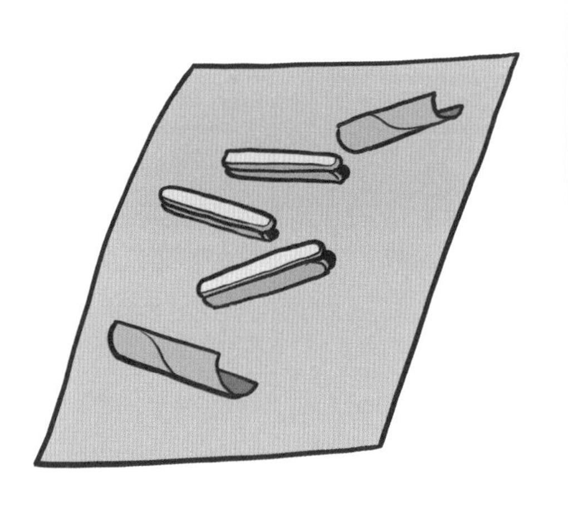

4. 用胶带把硬纸板**固定**在墙上，并用玻璃球测试一下滑道。

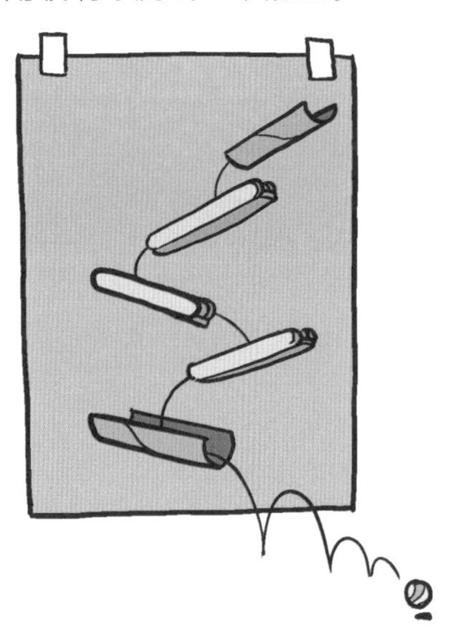

你的玻璃球在滑道上滚了多远？测量每段滑道的长度，并求出滑道的总长度。

做设计！

点点学霸长得圆滚滚的，她打算参加“马拉松滚动大赛”，希望至少滚100厘米远。

她怎样才能滚得比100厘米远呢？

增加玻璃球滑道的长度，让玻璃球滚动的距离超过100厘米。如果每个滑道之间有一定距离，那么也要算上这个距离的长度。

请注意，点点学霸是专业运动员，小朋友们可千万不要模仿她的动作！

项目5：完成！
请领取你的任务贴纸！

参考答案

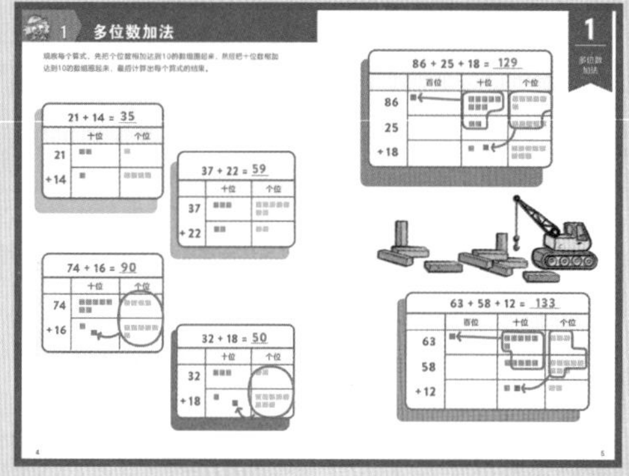

1 多位数加法
21 + 14 = 35
37 + 22 = 59
74 + 16 = 90
32 + 18 = 50
86 + 25 + 18 = 129
63 + 58 + 12 = 133

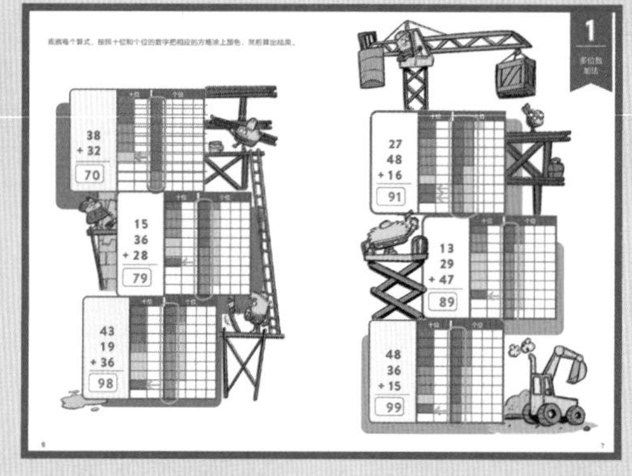

38
+ 32
70
15
36
+ 28
79
43
19
+ 36
98
27
48
+ 16
91
13
29
+ 47
89
48
36
+ 15
99

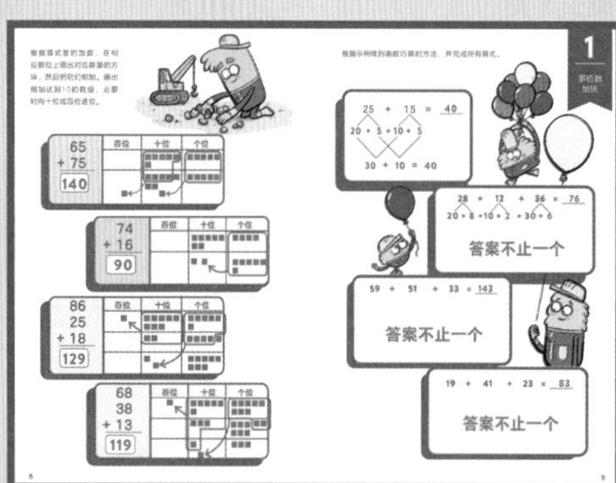

65
+ 75
140
74
+ 16
90
86
25
+ 18
129
68
38
+ 13
119
25 + 15 = 40
20 + 5 + 10 + 5
30 + 10 = 40
28 + 12 + 36 = 76
答案不止一个
59 + 51 + 33 = 143
答案不止一个
19 + 41 + 23 = 83
答案不止一个

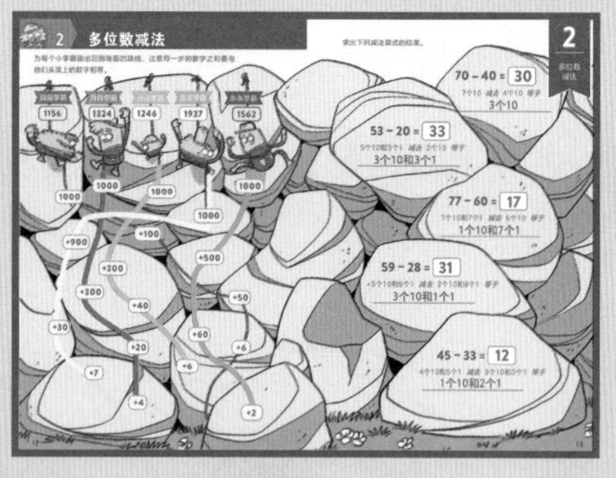

2 多位数减法
70 − 40 = 30
3个10
53 − 20 = 33
3个10和3个1
77 − 60 = 17
1个10和7个1
59 − 28 = 31
3个10和1个1
45 − 33 = 12
1个10和2个1

643 − 126 = 517
34 − 11 = 23
427 − 213 = 214
48 − 35 = 13
866 − 542 = 324
68 − 17 = 51
981 − 580 = 401
86 − 48 = 38

39 − 12 = 27
58 − 26 = 32
76 − 43 = 33
98 − 25 = 73
183 − 72 = 111
175 − 30 = 145
432 − 100 = 332

3 应用题
9
4
+ 2
15
27
10
+ 2
39
19
+ 24
43
27
− 5
22
5
3
+ 4
12
12
+ ?
20
20
− 12
8

3
13
7
6
24

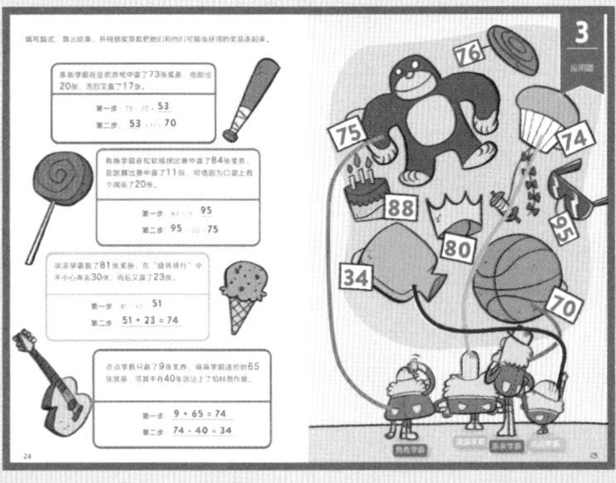
3
76
75
74
88
80
95
34
70

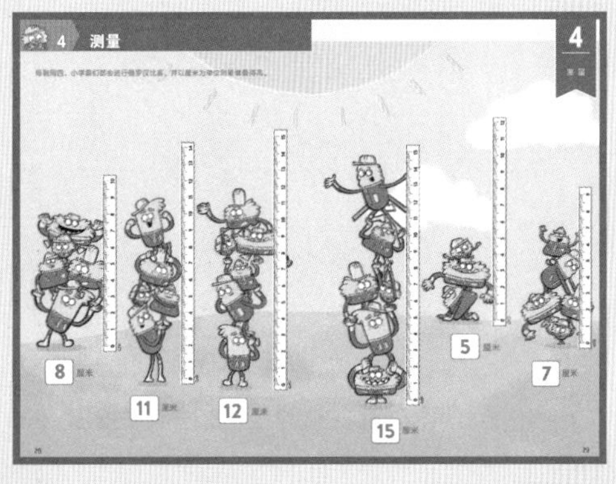
4 测量
4
8
11
12
15
5
7

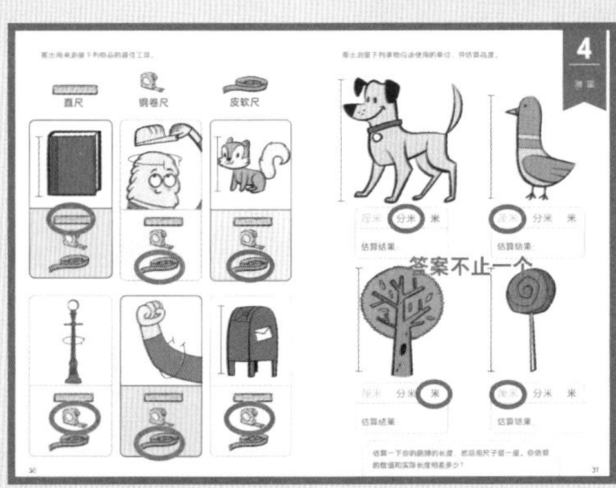
4
直尺
钢卷尺
皮软尺
答案不止一个

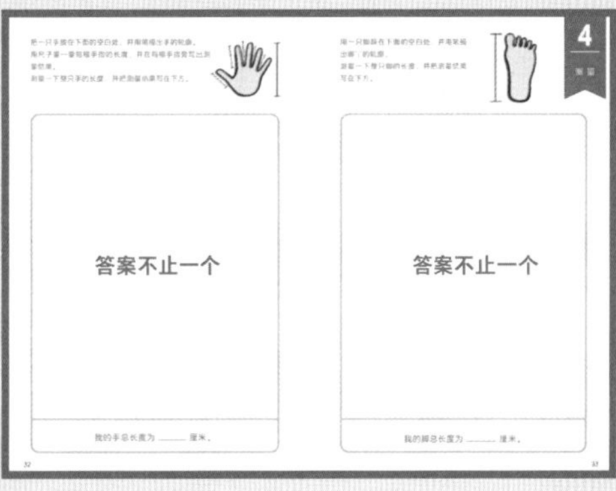
4
答案不止一个
答案不止一个

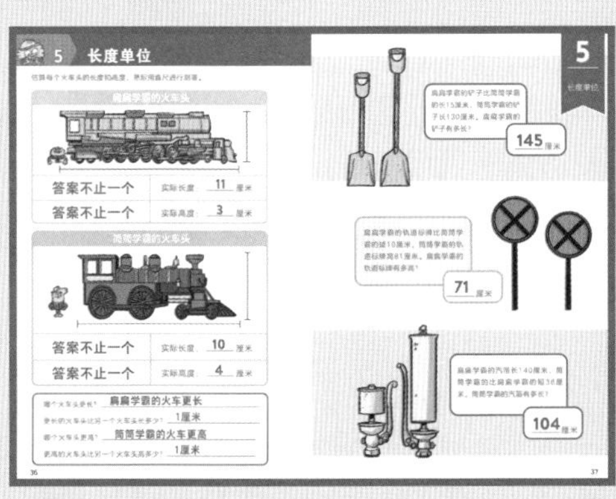
5 长度单位
5
答案不止一个
答案不止一个
答案不止一个
答案不止一个
145
71
104

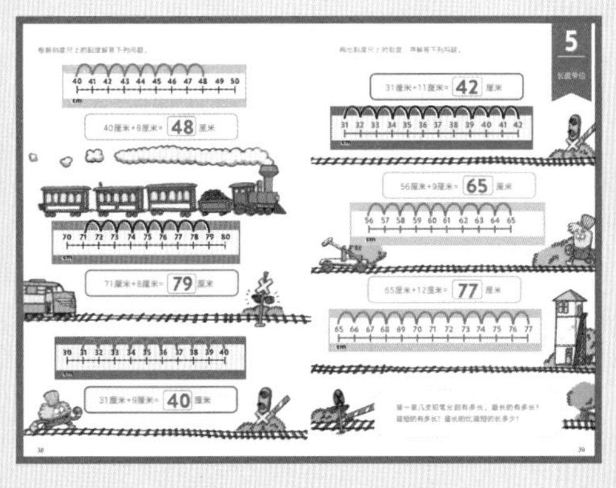
5
48
42
65
79
77
40

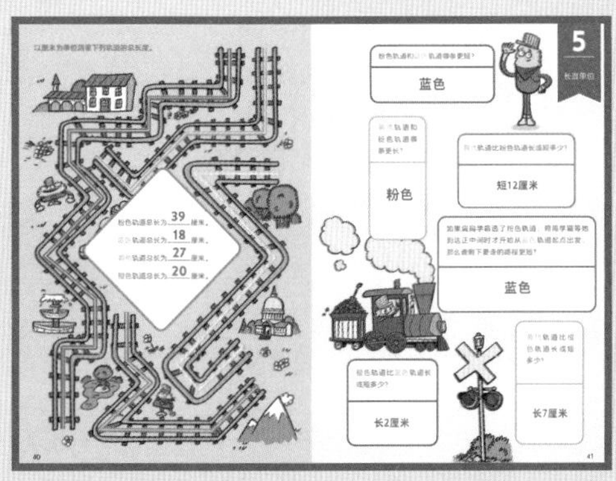
5
蓝色
粉色
短12厘米
蓝色
长2厘米
长7厘米
39
18
27
20

关于本系列

“麦克米伦轻松小学霸”系列丛书由专业从事儿童教辅图书出版的麦克米伦公司出品。它在美国众多知名教育学家和教师的指导下研发编写而成，适合4—8岁儿童分级阅读。每个孩子都要从ABC和123学起，关键在于如何让他们从中发现乐趣，并具备终身学习的能力。

本系列分为数学、英语、科学三个学科，共包含36个分册，每册包括5个贴近儿童生活的主题。小读者可以在6个小学霸的带领下畅游轻松小镇，并在游戏中培养兴趣、汲取知识、解决问题。

本册《数学 ⑫》简体中文版由北京市海淀区数学学科带头人孟丹老师审订推荐。

麦克米伦轻松小学霸

数学

SHUXUE

[美] 伊妮尔·西达特 著
[美] 莱斯·麦克莱恩 绘
陈芳芳 译

桂图登字：20-2020-040

TINKERACTIVE WORKBOOKS:2ND GRADE MATH by
Enil Sidat,illustrations by Les McClaine

Published with arrangement by Odd Dot, an imprint of Macmillan Publishing Group, LLC.

图书在版编目（CIP）数据

数学.12/（美）伊妮尔·西达特著；（美）莱斯·麦克莱恩绘；陈芳芳译.—南宁：接力出版社，2022.9
（麦克米伦轻松小学霸）
书名原文：TinkerActive Math 2 Grade
ISBN 978-7-5448-7530-1

Ⅰ.①数… Ⅱ.①伊…②莱…③陈… Ⅲ.①数学—儿童读物 Ⅳ.① O1-49

中国版本图书馆 CIP 数据核字（2022）第 002599 号

目　录

1 认识时间

把时钟和它对应的时间连起来。

根据每个小学霸下课的时间，画出时钟的时针和分针。

滚滚学霸 12:00

条条学霸 2:15

筒筒学霸 3:30

扁扁学霸 2:45

点点学霸 1:35

角角学霸 2:20

根据时钟上显示的时间填空。

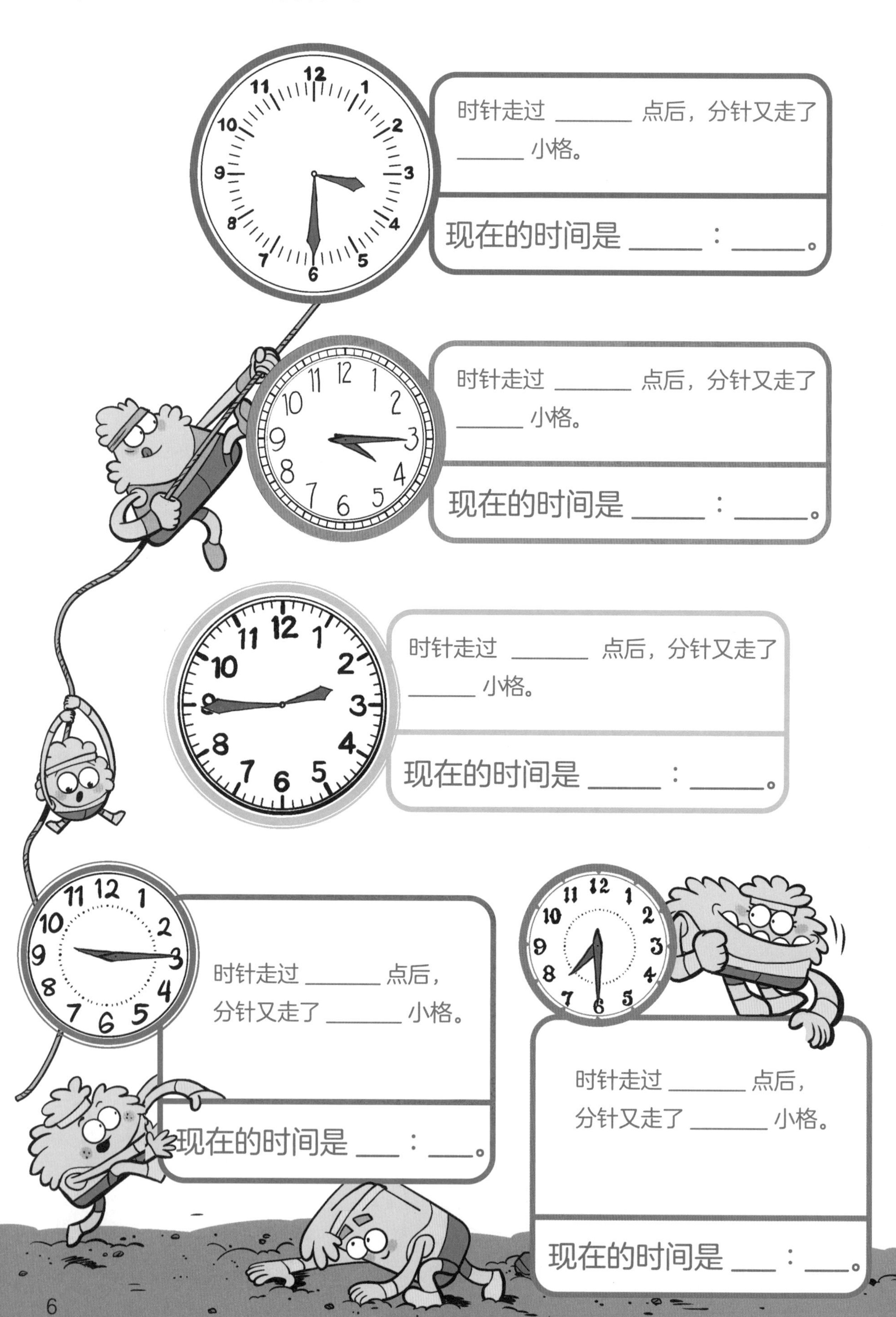

你是怎样安排每一天的时间的？

在时钟上画出时针和分针，并在横线上填写相应的时间。

我在 _____ : _____起床。

我在 _____ : _____吃早饭。

我在 _____ : _____去上学。

我在 _____ : _____吃午饭。

我在 _____ : _____休息。

我在 _____ : _____回家。

我在 _____ : _____吃晚饭。

我在 _____ : _____上床睡觉。

12
1
2
3
4
5
6
7
8
9
10
11

剪下左页下方的红色指针，按照下面的文字描述把它们放在钟面上，并填好数字时钟上的时间。

扁扁学霸在下午2:15完成了障碍赛。

筒筒学霸比扁扁学霸晚了15分钟完成。

滚滚学霸比筒筒学霸晚了1小时30分钟完成。

条条学霸在差15分6点时完成了障碍赛。

点点学霸在6:30完成了障碍赛。

角角学霸比点点学霸推后2小时20分钟完成。

开始吧！把这些工具和材料找齐。

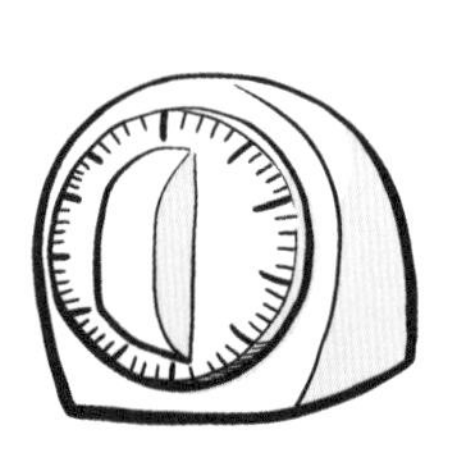
计时器

彩色图画纸

剪刀
（在家长帮助下使用）

胶水

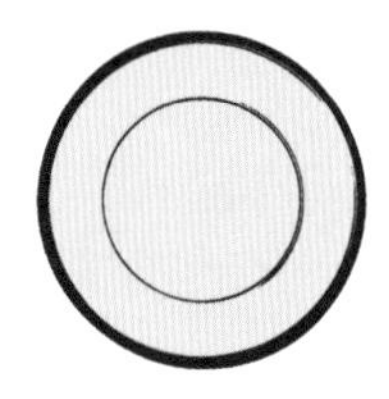
纸盘

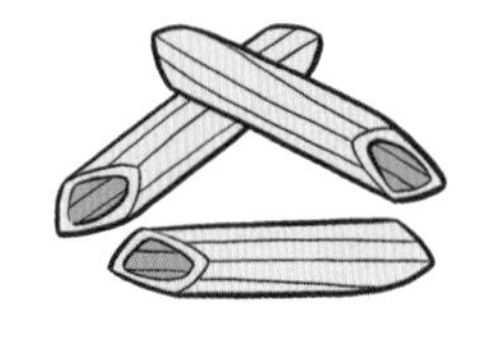
通心粉

蜡笔

玻璃球

动动脑！

在家里**设置**一条障碍赛跑道，起点是家里大门，终点是你的卧室。你可以把爬行、单脚跳、青蛙跳等运动方式设计进比赛，还可以增加玩具、洗衣篮等障碍物。

设计好跑道后进行一次试跑，并给自己计时，然后多跑几次，看看你是否能打破自己的纪录。

动动手：障碍赛跑道！

1. 把图画纸**剪**成长条。

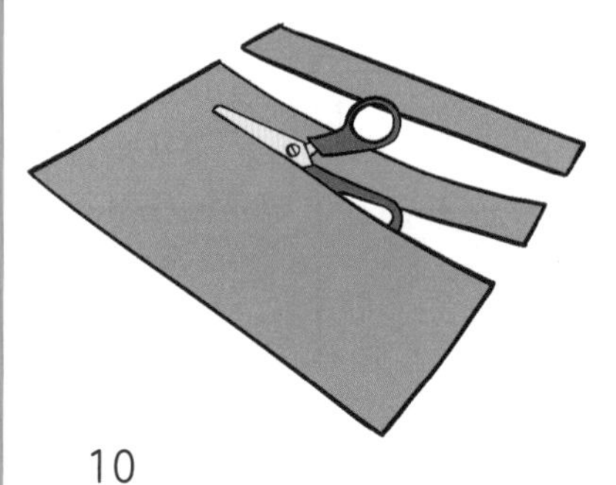

2. 按图示把每张纸条的两端**粘**在纸盘上。

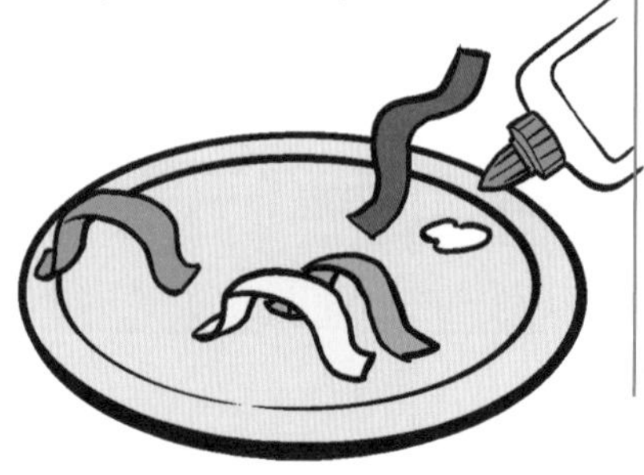

3. 沿跑道路线把通心粉**粘**在纸盘上。

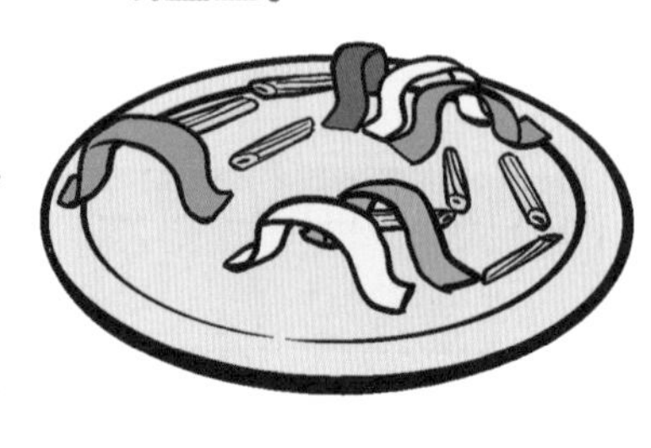

4. 用蜡笔**写**出“起点”和“终点”，并画出表示方向的箭头。

5. 把玻璃球**放**进去，用计时器测量玻璃球跑完全程的时间。

条条学霸掌握了障碍赛跑的技巧，现在他想尝试难度更高的赛道。

他该如何让障碍赛变得更有挑战，更有趣呢？

尝试在做好的障碍赛跑道上**增加**新的物品来提高比赛的难度，然后测试一下新跑道。

你花了多长时间跑完全程？时间比之前长还是比之前短？难度更大吗？更有趣吗？让朋友或家人挑战一下，看看是否可以打破你的比赛纪录。

2 货币

把单位、数字、“>”、“<”或“=”填在横线上。

人民币的单位有______、______、______。

1元= ______ 个5角

1元= ______ 角

1角= ______ 分

1元和 ______ 分同样多。

1元5角和 ______ 角同样多。

15元5角和 __________ 分同样多。

1张10元人民币可以换成 ______ 张1元人民币。

1张50元人民币可以换成 ______ 张10元人民币。

1张100元人民币可以换成 ______ 张5元人民币。

15角 ______ 1元5角　　99角 ______ 1元　　100元 ______ 100角

1元2角 ______ 2元1角　　45角 ______ 54角　　5元 ______ 49角

50元 ______ 49元9角　　100分 ______ 1元　　49元 ______ 50元

用线把每件商品和相应的要花的钱数连起来。

如果你有30元的话，你想买哪些小吃呢？

为了购买下列商品，你需要准备多少钱？写出你购买每件商品各需要几张5元、1元、5角或1角人民币。

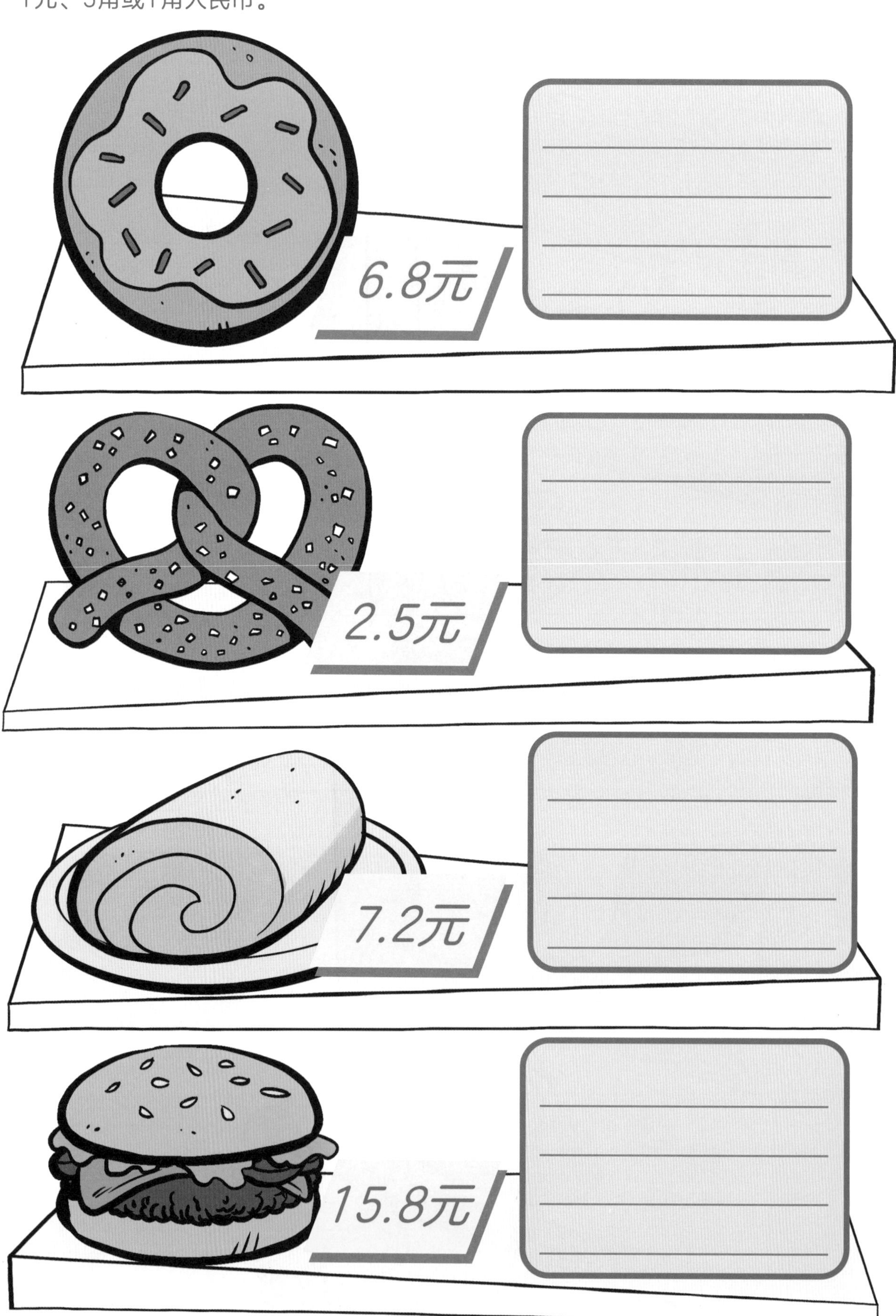

解答下列应用题。

角角学霸有50元。

买完一个小熊玩偶还剩多少钱?

点点学霸有50元。

买完一个篮子还剩多少钱?

筒筒学霸有100元。

买完一个长颈鹿玩偶还剩多少钱?

扁扁学霸有200元。

买完一个排球还剩多少钱?

你有硬币吗？看看你一共有多少零钱，并根据自己想买的商品设计一道应用题。买完这件商品后，你还剩多少钱？

圈出相应的钱数，让3个小学霸各有50元。请注意，这三个圈不能有重合的部分。

为角角学霸设计一张独属于他的纪念币。

硬币有1元、5角、1角、5分、2分和1分这六种。
回答下列问题。

要凑6角2分，至少需要多少枚硬币？

画出这些硬币。

要凑2元4角3分，至少需要多少枚硬币？

画出这些硬币。

你能用几种方法凑出10元5角？

画出两种不同的方法。

开始吧！把这些工具和材料找齐。

不同币值的硬币

硬纸箱

胶带

胶水

剪刀
（在家长帮助下使用）

铅笔

报纸

动动脑！

摸一摸不同币值的硬币，并按不同的方法给硬币**分类**。

每种硬币有什么独特之处？你能用哪些方法给硬币分类？

动动手：硬币分类托盘！

1. 让家长或老师帮忙，从硬纸箱上**剪**下3个长方形，每个18厘米长，3厘米宽。

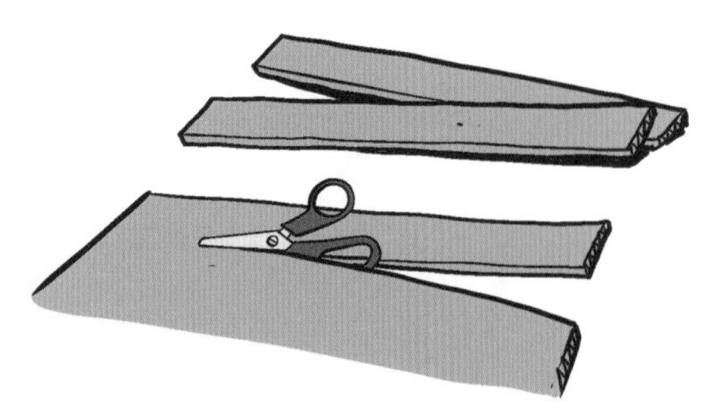

2. 在硬纸板上**画**6个长方形，宽度和不同币值硬币的直径相同。

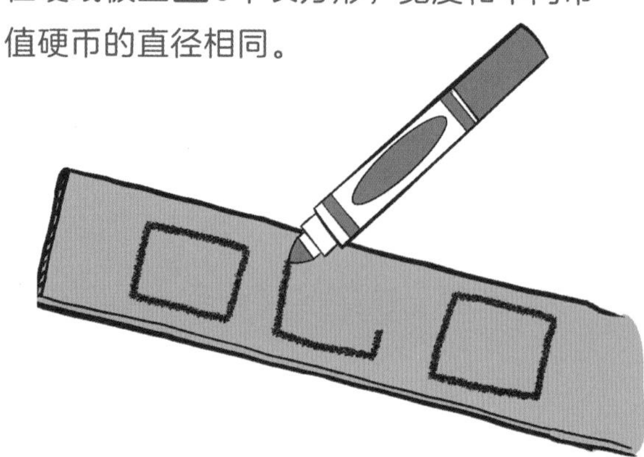

3. 让家长或老师帮忙**剪**下这些长方形。

4. 按图示把另外两张长方形硬纸板**粘**好。

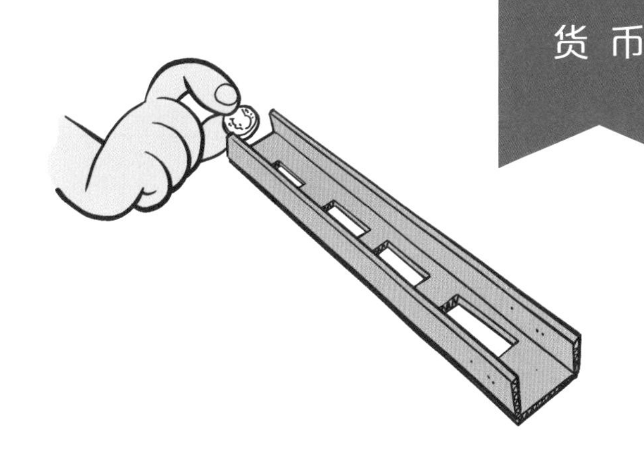

5. 在硬纸板托盘上**滑动**硬币，托盘能给硬币分类吗？

做设计！

点点学霸的小吃车太受欢迎了，小学霸们纷纷掏出零用钱购买小吃。现在，她有一堆硬币，需要想办法给它们分类！

如果点点学霸想知道自己有多少枚5角钱的硬币，她该怎么办呢？

改造你的硬币分类托盘，来达到快速筛出5角钱硬币的目的。

你数出一共有多少枚5角钱硬币了吗？

项目2：完成！
请领取你的任务贴纸！

3 数据和图表

利用图表回答下列问题。

吃掉的汉堡包数量

10
9
8
7
6
5
4
3
2
1

扁扁学霸 筒筒学霸 滚滚学霸 条条学霸 点点学霸 角角学霸

扁扁学霸吃了几个汉堡包？__________

条条学霸吃了几个汉堡包？__________

哪些小学霸吃掉了相同数量的汉堡包？__________

扁扁学霸和点点学霸一共吃了几个汉堡包？__________

滚滚学霸比筒筒学霸少吃了几个汉堡包？__________

哪些小学霸一共吃掉了8个汉堡包？__________

根据图表回答下列问题。

小学霸最喜欢的运动

运动	人数
 足球	
 网球	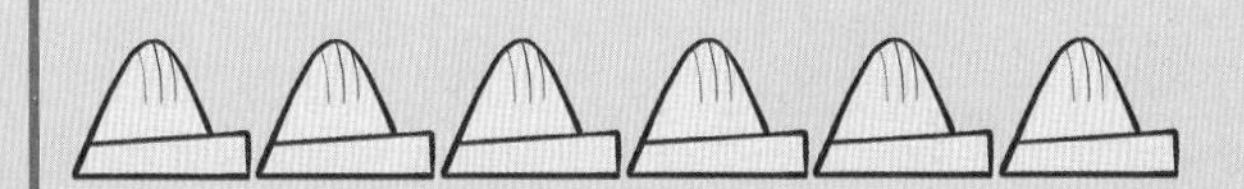
 曲棍球	
 排球	
 保龄球	

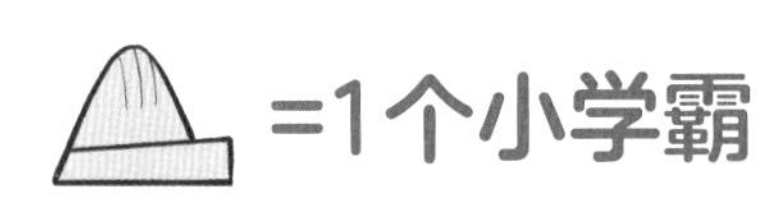

最受欢迎的运动是什么？ ______

最不受欢迎的运动是什么？ ______

有几个小学霸喜欢足球？ ______

一共有多少个小学霸喜欢排球和曲棍球？ ______

喜欢曲棍球的小学霸比喜欢网球的少多少个？ ______

喜欢排球的小学霸比喜欢保龄球的少多少个？ ______

计算筒筒学霸获得的奖牌数。

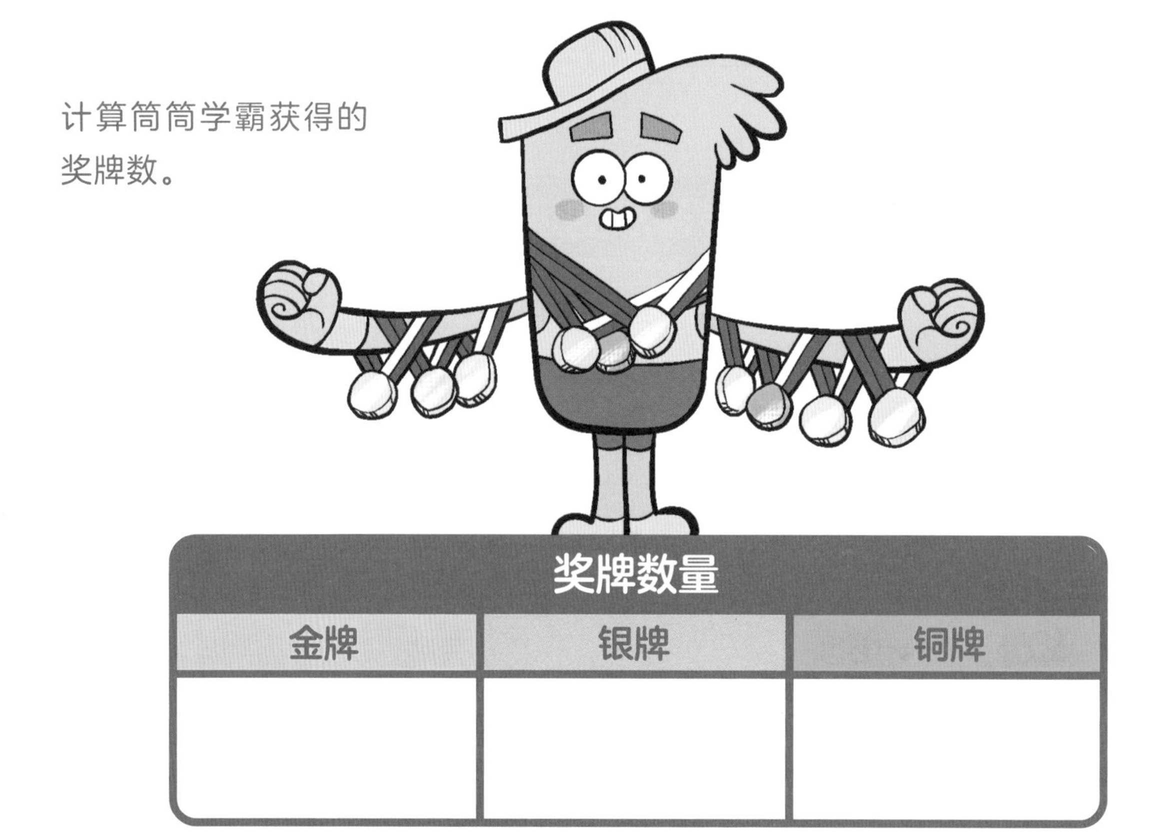

奖牌数量		
金牌	银牌	铜牌

在图表中画出相应数量的奖牌。

奖牌数量	金牌	银牌	铜牌
6			
5			
4			
3			
2			
1			

=1枚奖牌

金牌	
银牌	
铜牌	

 =1枚奖牌

下图中的两个棒球一样大吗？左边的更大还是右边的更大？
找10个朋友或家人问一问，并根据他们的答案在图表中涂色。

人数	左边的更大	右边的更大	一样大
10			
9			
8			
7			
6			
5			
4			
3			
2			
1			

公布结果：其实这两个棒球一样大！
不信的话，你可以用直尺测量一下。

运动会上，每个比赛项目有多少小学霸参加？参考右页的比赛现场填写图表。

小学霸数量	自行车	击剑	竞走	排球
5				
4				
3				
2				
1				

仔细观察小学霸脖子上的奖牌数量，并用画“正”字的方法计数。

金牌	
银牌	
铜牌	

开始吧！把这些工具和材料找齐。

7张白纸，
长度为11cm，宽度为8.5cm

图画纸

吸管

绳子

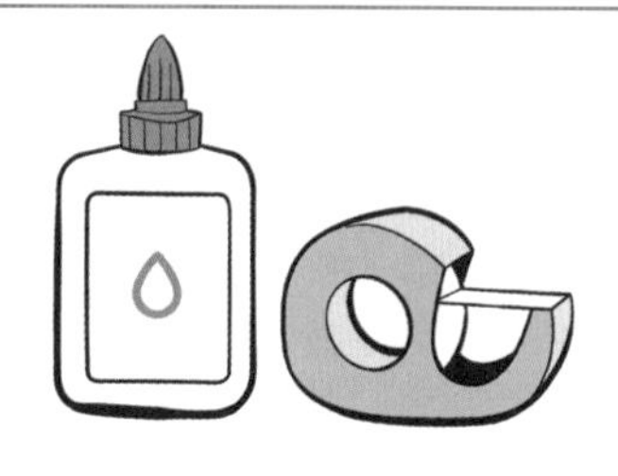

胶水或胶带

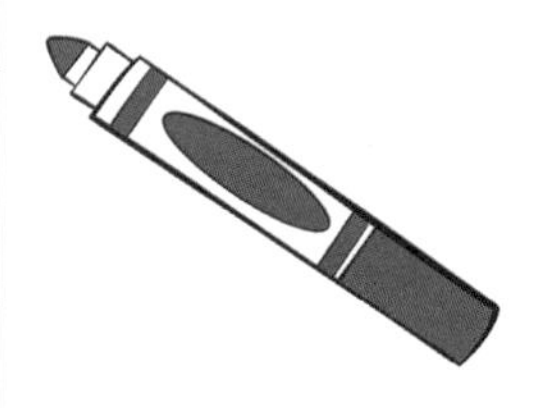

记号笔

动动脑！

把3张白纸**叠**成不同的形状，在空地上把它们扔出去，并记录每张白纸飞出的距离。哪种形状的白纸飞得最远？哪种形状的白纸最不善于飞行？

动动手：会飞的角角学霸！

1. 沿长边把图画纸**对折**。

2. 按图示**折**起一角，然后再折一次，直到折到对边。

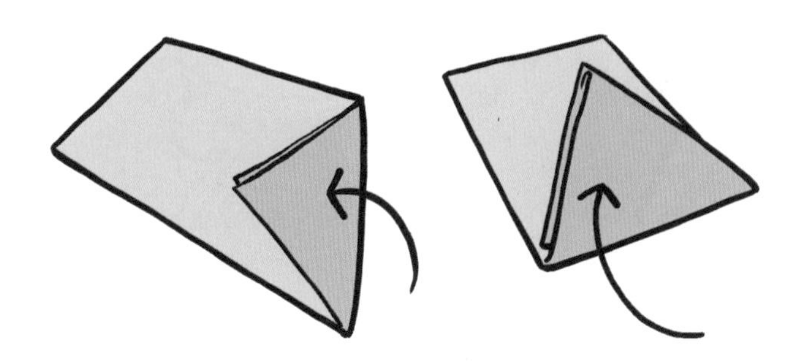

3. 按图示把剩下的纸**塞**进三角形“口袋”里，并进行固定。

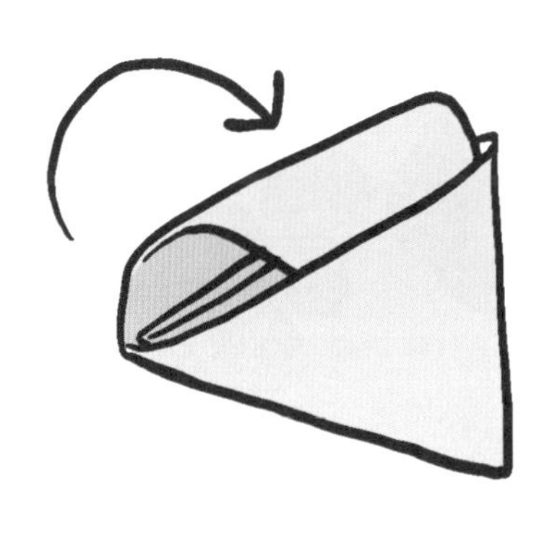

4. 把贴纸上的图案**粘**在折纸外侧。

5. 把折好的“角角学霸”**投掷**3次，并记录他飞出的距离。

做设计！

“角角学霸球”是小学霸们喜爱的消遣活动，唯一的问题是他们总记不住角角学霸的飞行距离！

小学霸们该怎样记下每次投掷的结果呢？

把吸管和绳子当成投掷比赛的障碍或目的地。让家人或朋友和你一起**玩**“角角学霸球”。测量出每次投掷的距离，并在记分板上记录结果。你觉得记录结果的最佳方式是什么？

项目3：完成！
请领取你的任务贴纸！

4 图形的特征

把下面图表的信息补充完整。

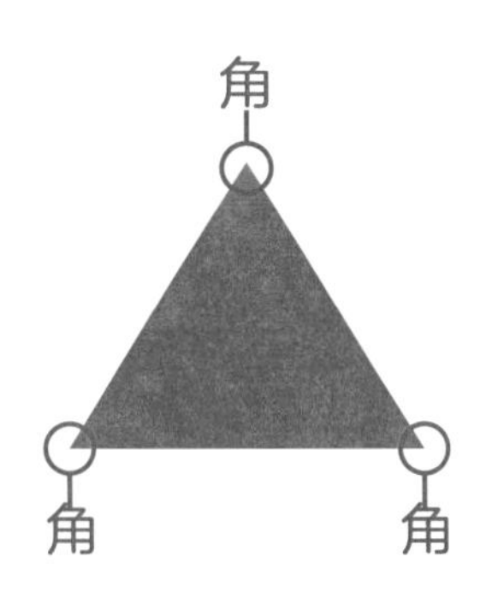

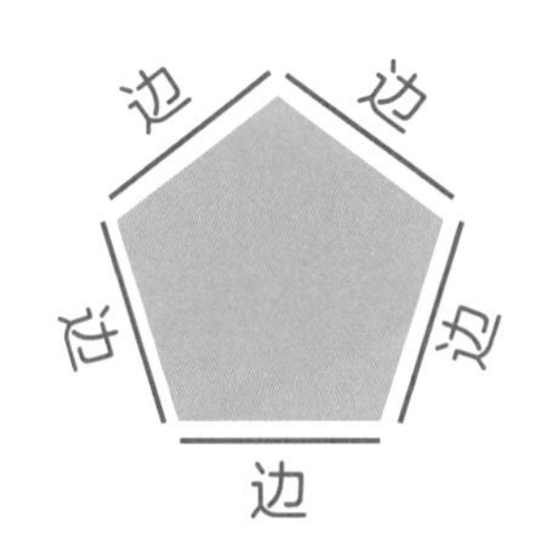

图形	名称	角的数量	边的数量
		0	存在争议
			3
	长方形		
	梯形		
	五边形		

四边形有四条边，圈出下图中的四边形。

把下面的信息补充完整。

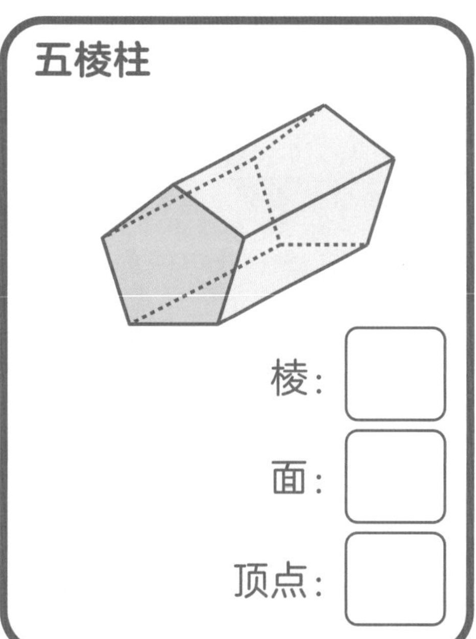

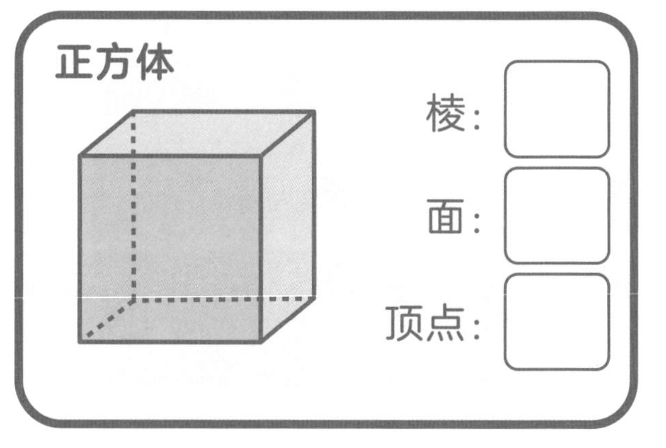

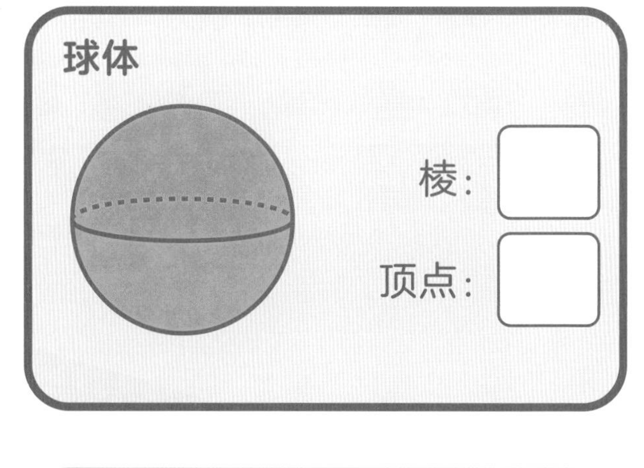

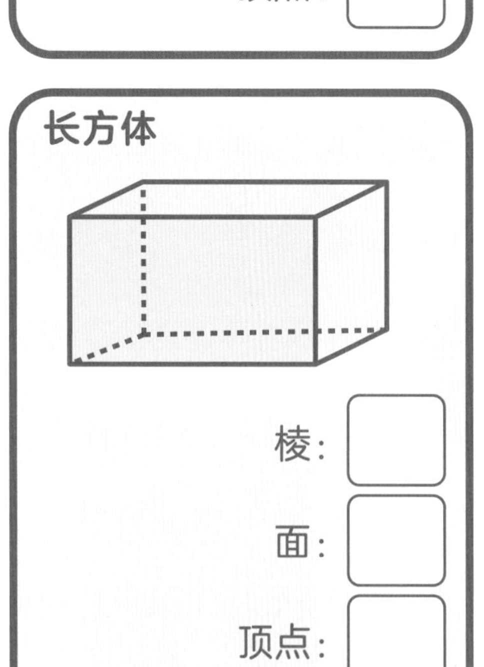

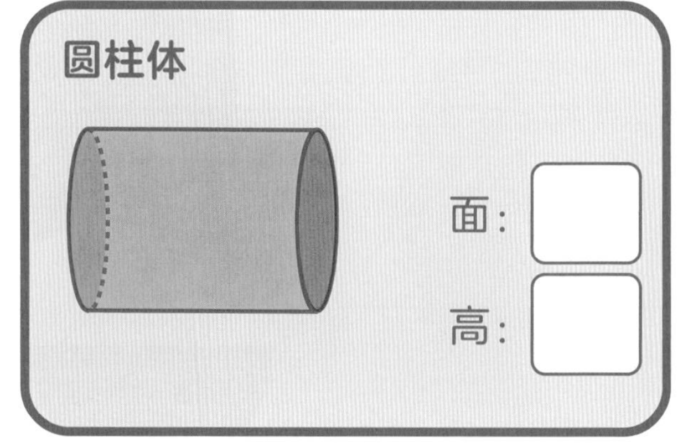

4
图形的特征
根据下列提示画出每种图形。
扁扁学霸最喜欢的平面图形有4个角和4条长度相等的边。
条条学霸最喜欢的立体图形有3个面和无数条高。
点点学霸最喜欢的平面图形由曲线围成。
角角学霸最喜欢的平面图形有3个角。

根据下面的提示涂色。

三角形：蓝色

四边形：粉色

五边形：绿色

六边形：橙色

画出筒筒学霸穿过迷宫要走的路线。请注意，他每走一步所选的图形，只能比之前的图形多一条边或少一条边。另外，他不能斜着移动。

4

图形的特征

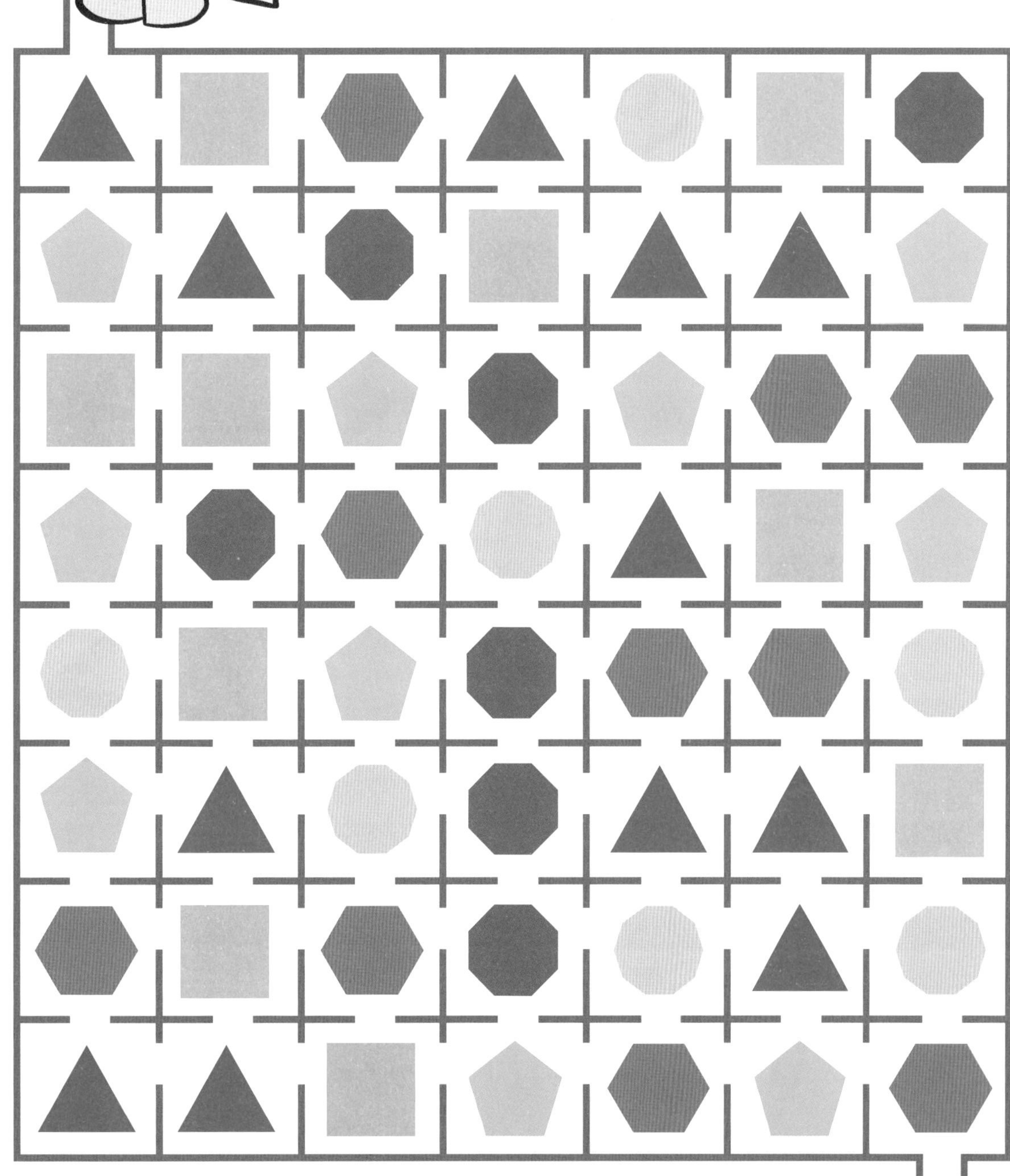

开始吧！把这些工具和材料找齐。

清管器或吸管

购物袋

剪刀
（在家长帮助下使用）

回形针

绳子

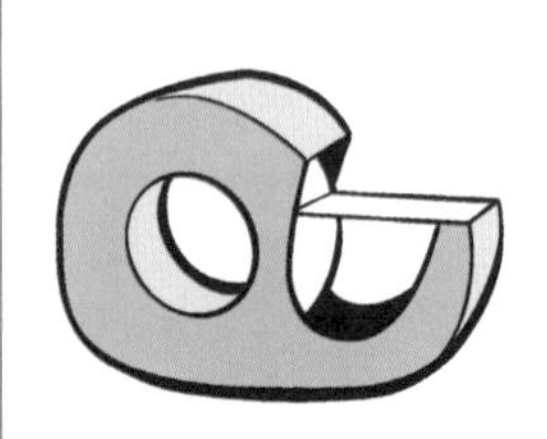
胶带

硬币

动动脑！

把清管器或吸管**折**成不同的平面图形，然后再试着做一个立体图形。你能把不同图形组合成新的图形吗？怎么做才能把平面图形变为立体图形？

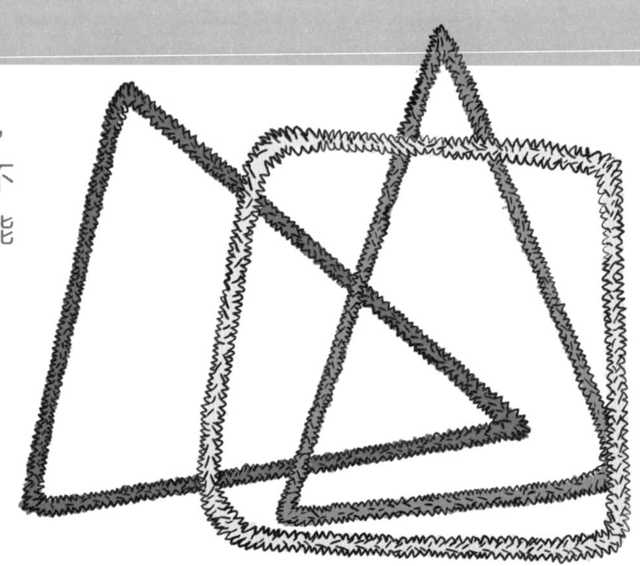

动动手：降落伞！

1. 按图示**剪**下购物袋的一角。

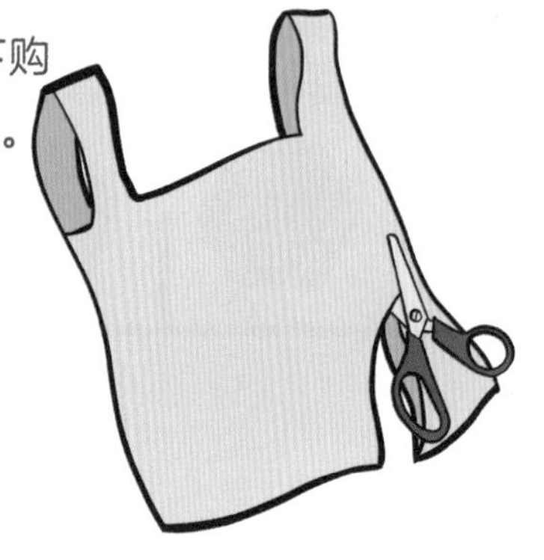

2. 在家长的帮助下，在剪下的购物袋一角边缘**扎**4个间距相等的洞。

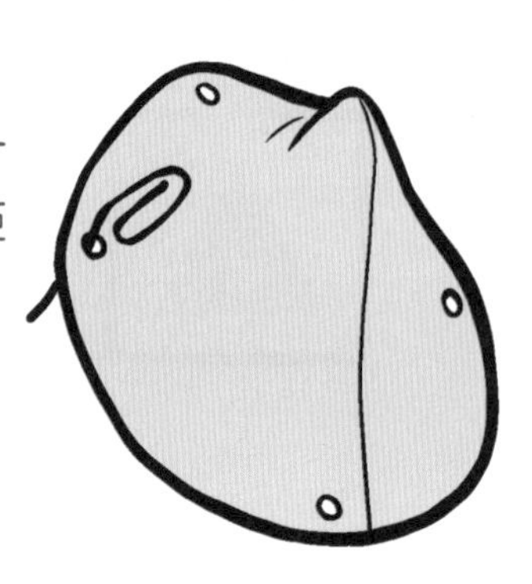

3. 往每个洞里**穿**绳子。

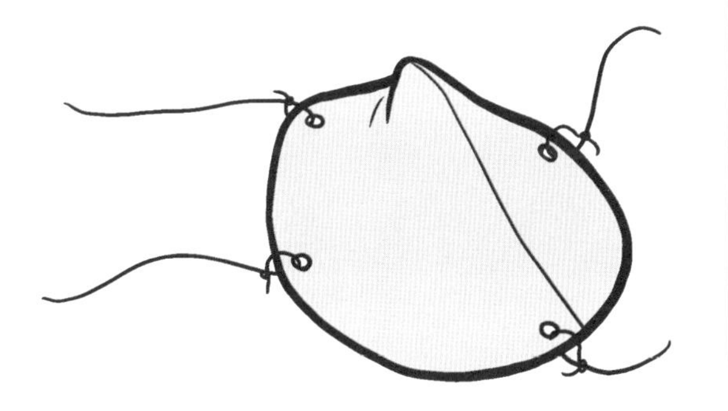

4. 按图示把四根绳子**系**在一根清管器上。

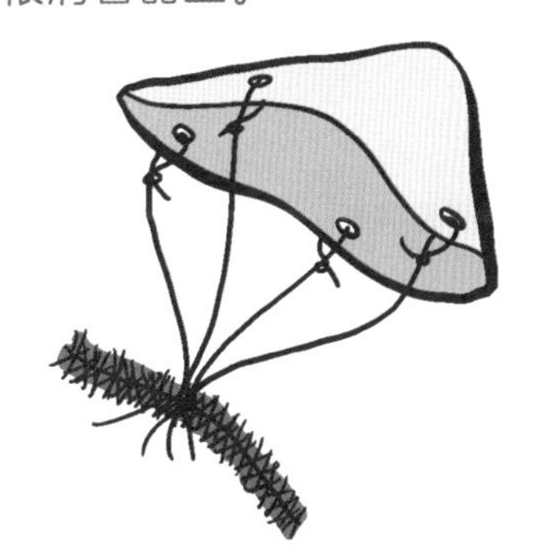

5. 用清管器**缠**住1枚硬币。

6. **试**一试降落伞的降落效果如何！

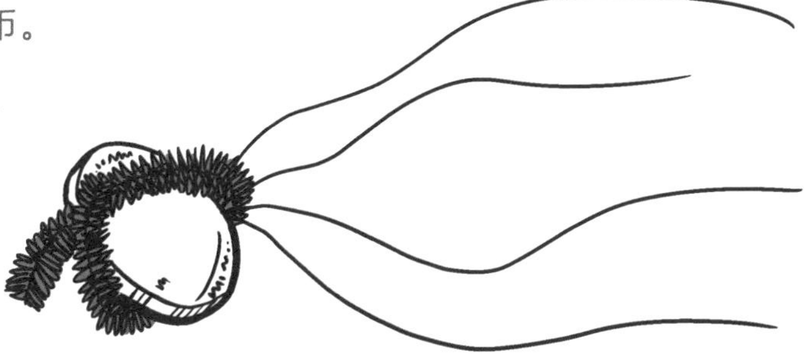

做设计！

小学霸们马上要进行跳伞运动，他们想尽可能在空中多飞一会儿。

他们该怎么做才能增加在空中飞翔的时间呢？

测试一下你刚做好的降落伞，从天上落到地面花了多长时间。为了增加它在空中停留的时间，你该怎么改进降落伞呢？尝试改变降落伞的形状和绳子的长度，然后重新计算降落伞的下降时间。哪种设计在空中飞行的时间最长？

项目4：完成！
请领取你的任务贴纸！

5 几何

在长方形上画线来使分割后的图形一样大。

画一条线。

有几个同样大小的图形？ 2

画两条线。

有几个同样大小的图形？

画三条线。

有几个同样大小的图形？

画四条线。

有几个同样大小的图形？

画五条线。

有几个同样大小的图形？

5
几 何

给下列木板涂上颜色。

给2块中的1块涂上颜色。
给3块中的2块涂上颜色。
给5块中的2块涂上颜色。
给8块中的3块涂上颜色。
给6块中的4块涂上颜色。

每个图形缺少了几块？完成下列句子，并朗读出来。

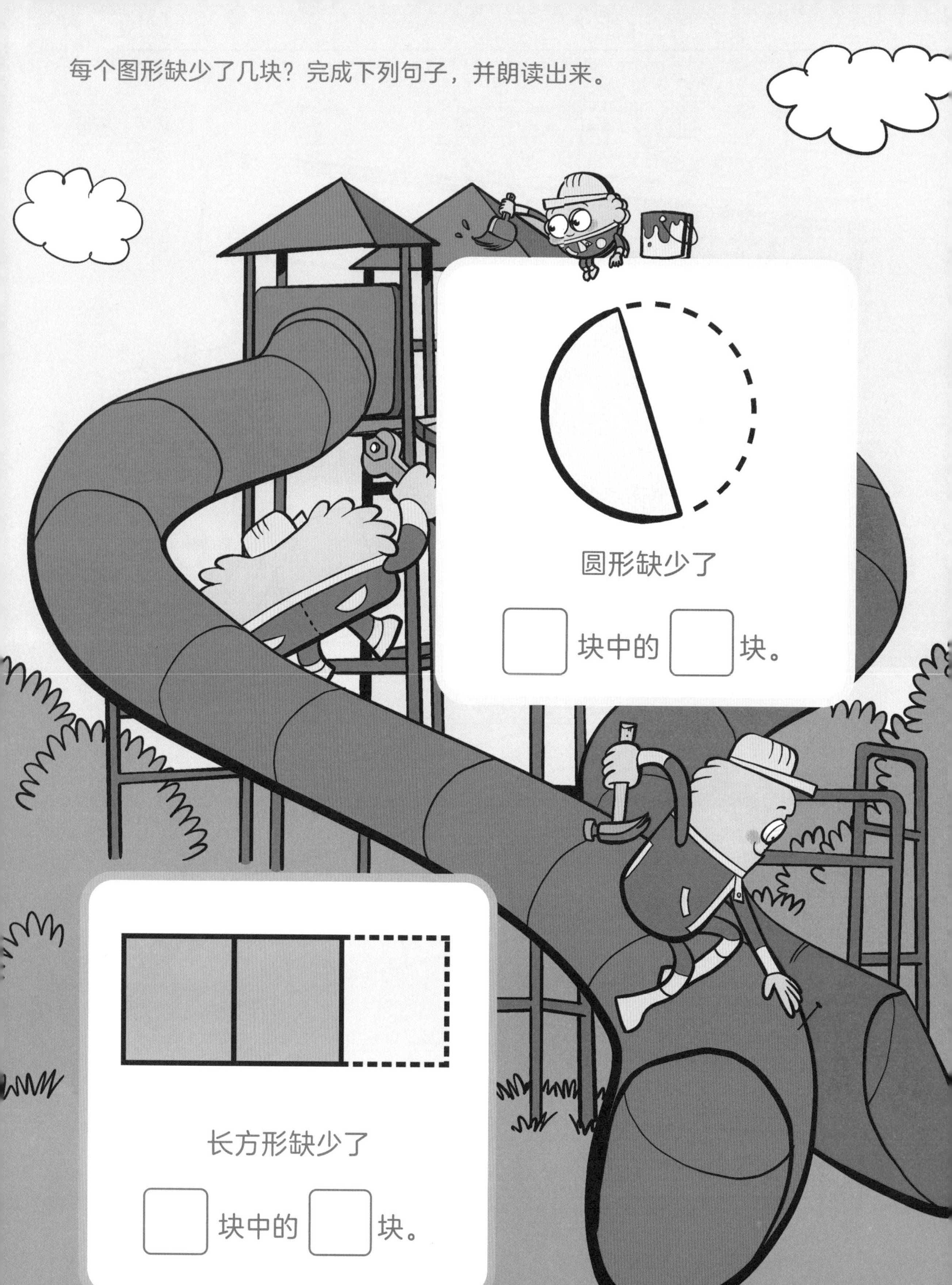

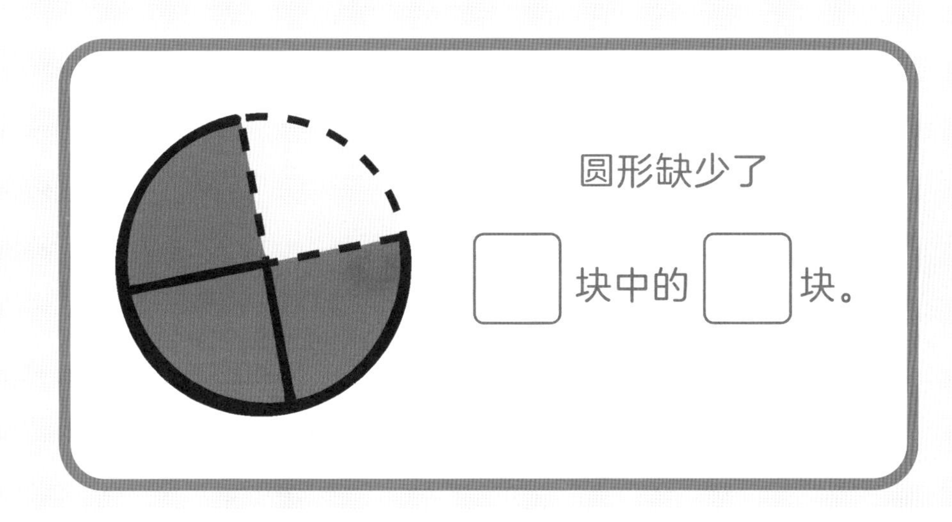
圆形缺少了
□块中的□块。

长方形缺少了
□块中的□块。

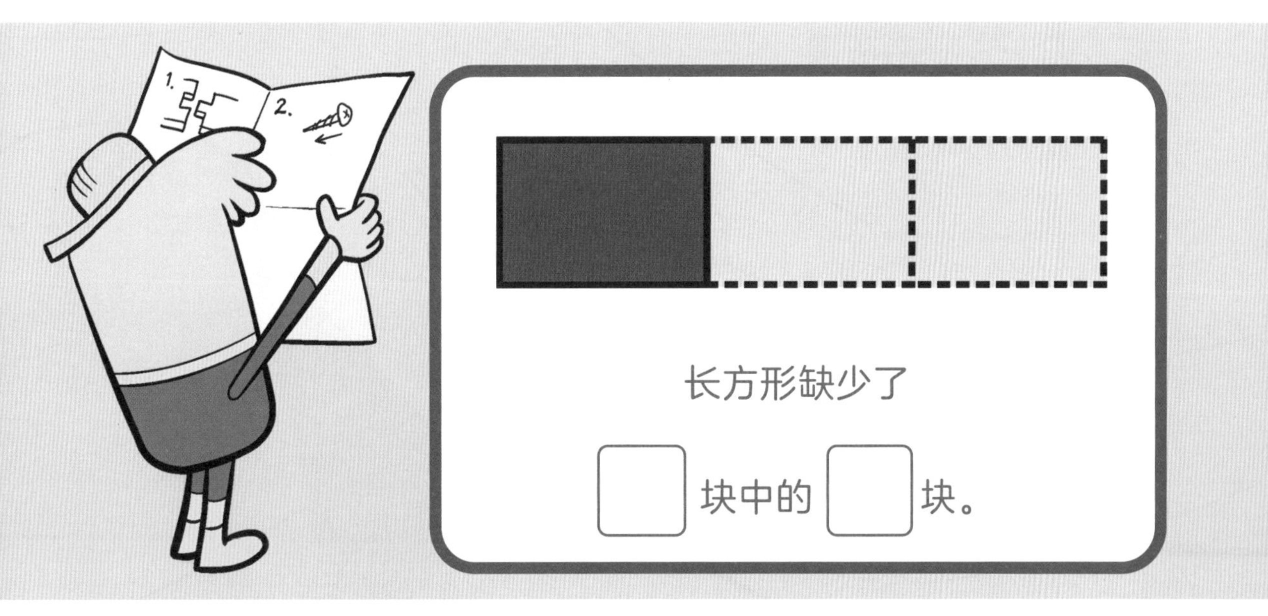
长方形缺少了
□块中的□块。

把文字描述和对应的图形连线。

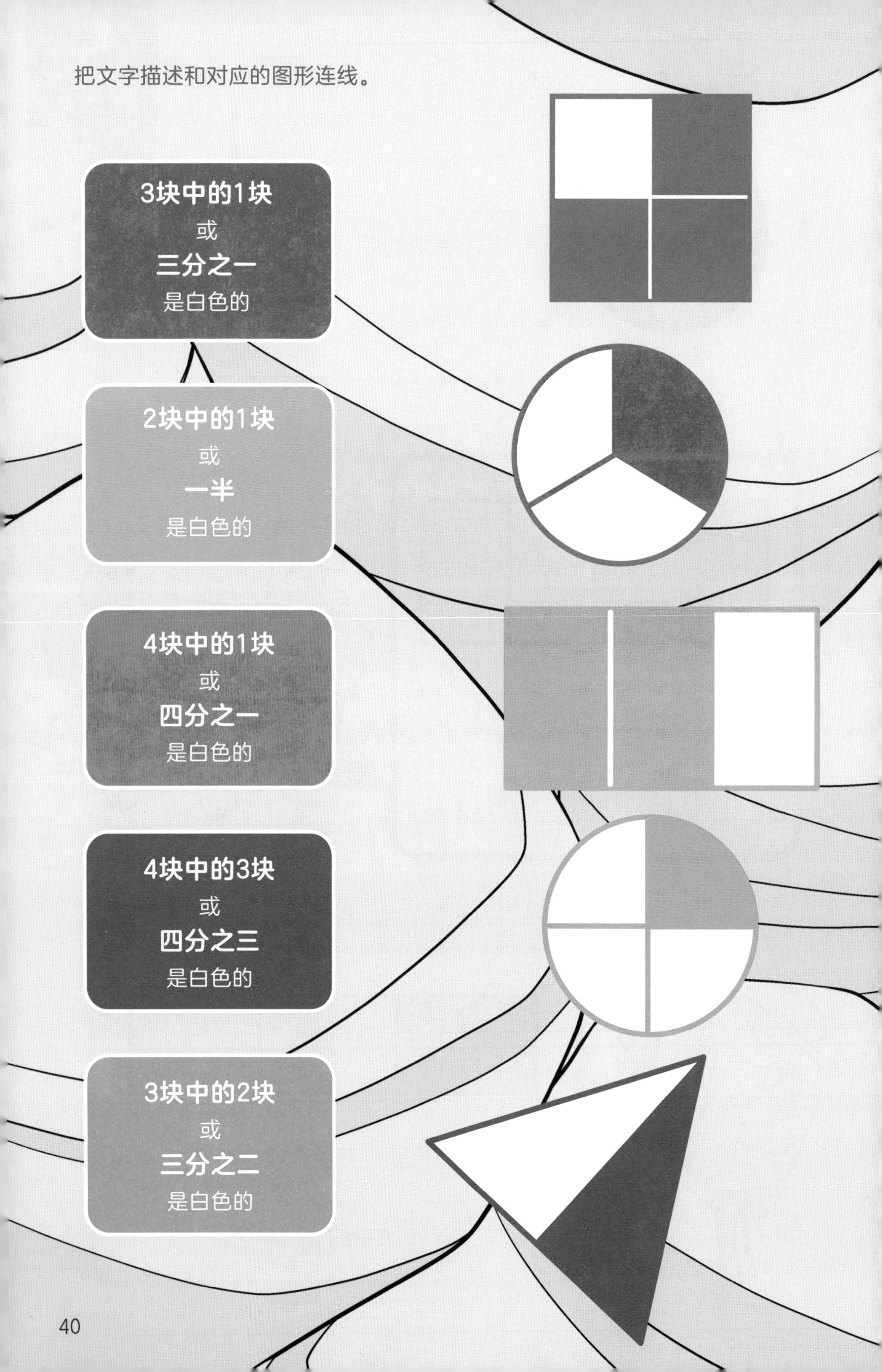

根据标签提示给下列平面图形涂上颜色。

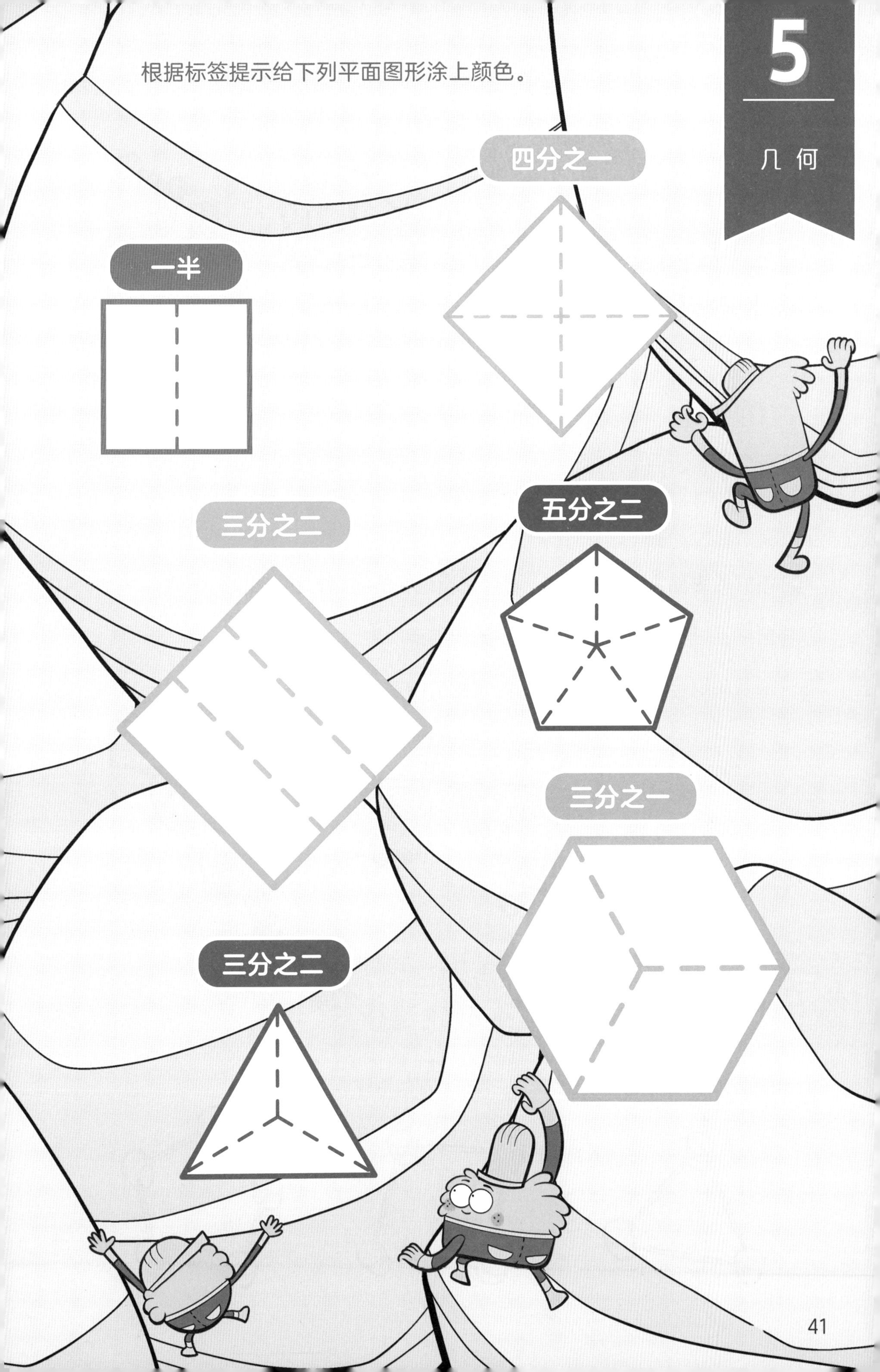

开始吧！把这些工具和材料找齐。

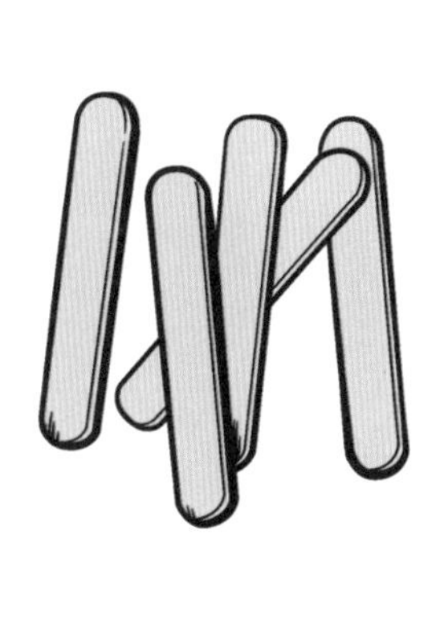

小木棒

牙签

棉花糖

玩偶

动动脑！

把准备好的物品**混合**在一起，看看它们现在的结构是否结实。

怎样把物品进行组合，才能让它们更加结实呢？

哪种形状和组合方式可以使物品的结构最结实？

动动手：棉花糖图形！

1. 用牙签和棉花糖**拼插**出四边形、三角形和五边形等平面图形。

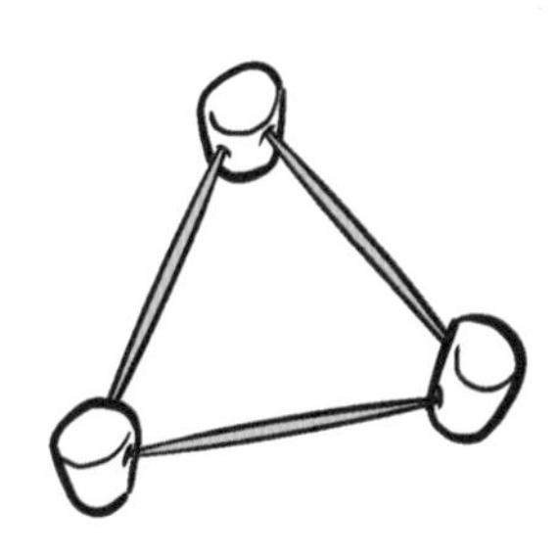

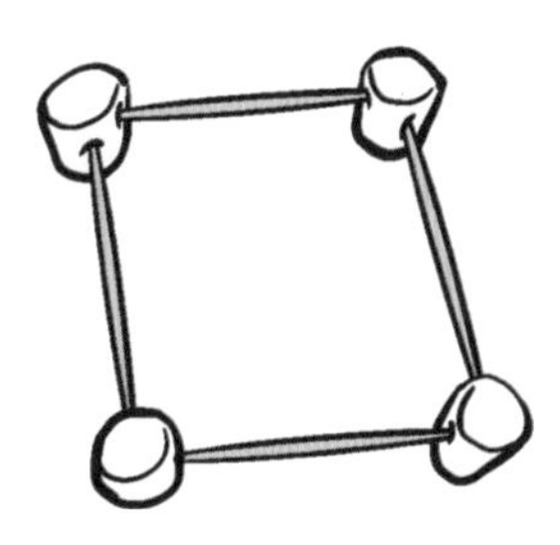

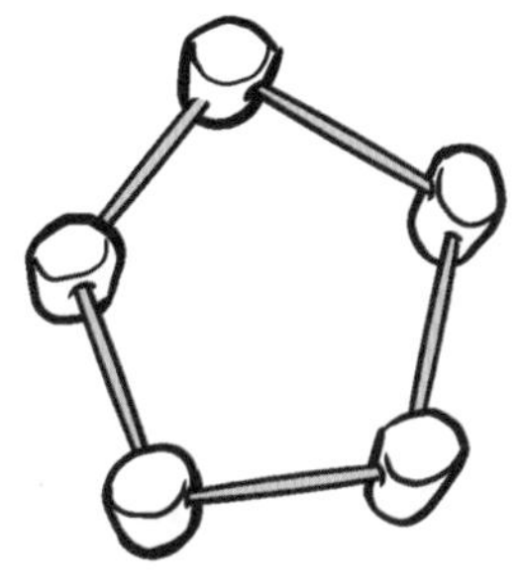

2. 在平面图形的基础上，**拼插**出金字塔或正方体。

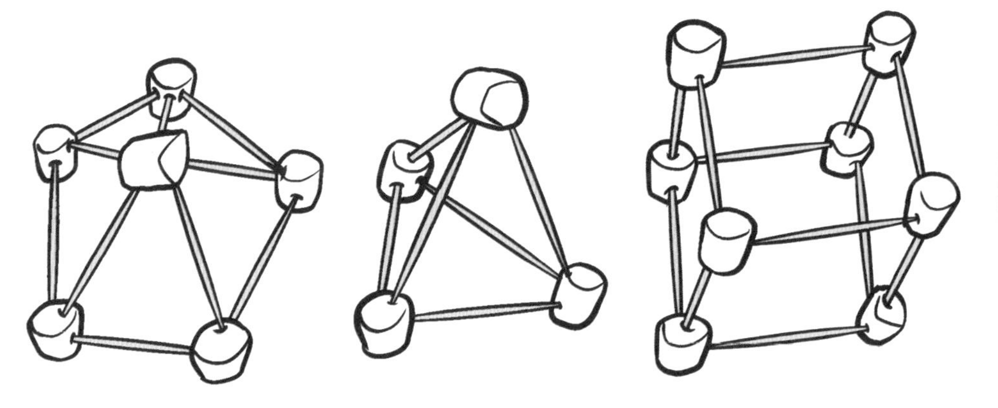

你还能拼插出哪些平面图形或立体图形？

做设计！

小学霸们想在运动场上做一个攀爬架，但他们不知道怎么做出结实的攀爬架。

他们该怎么测试不同形状的物品的结实程度呢？

用准备好的物品**搭**出两种12厘米长的结构。把玩偶分别放在两种结构上来测试它们的结实程度。哪一种结构更结实？为什么呢？

参考答案

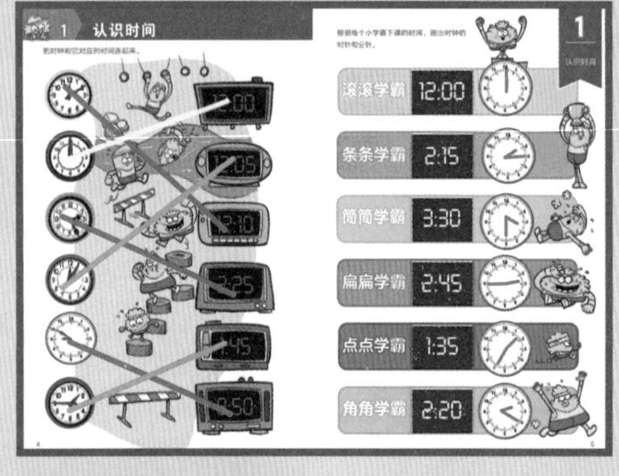
1 认识时间
滚滚学霸 12:00
条条学霸 2:15
简简学霸 3:30
扁扁学霸 2:45
点点学霸 1:35
角角学霸 2:20

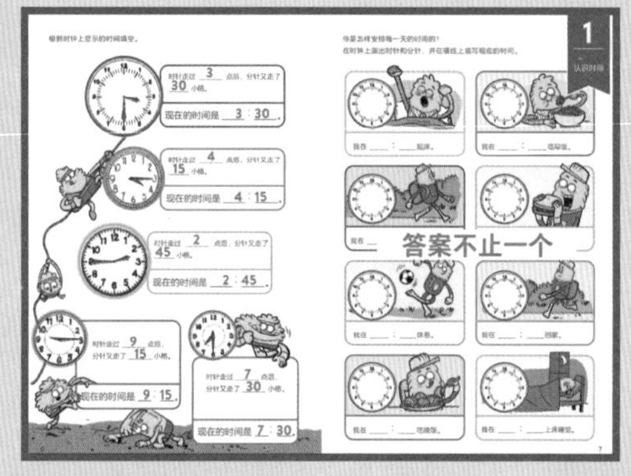
现在的时间是 3 : 30
现在的时间是 4 : 15
现在的时间是 2 : 45
现在的时间是 9 : 15
现在的时间是 7 : 30
答案不止一个

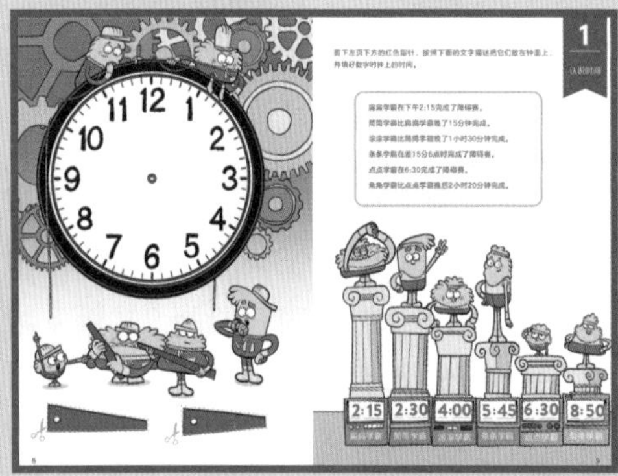
2:15
2:30
4:00
5:45
6:30
8:50

2 货币
元 角 分
点点学霸
小吃车
冰激凌 4元
玉米卷饼 12元
鸡腿 18元
蛋糕 15元

答案不止一个
6.8元
答案不止一个
2.5元
答案不止一个
7.2元
答案不止一个
15.8元
20
38
60
144

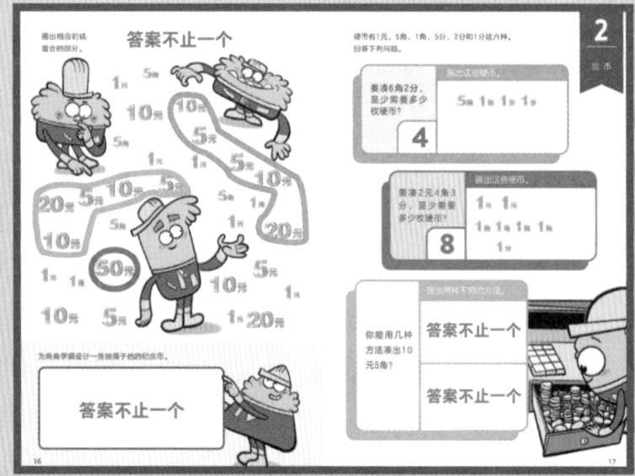
答案不止一个
4
8
答案不止一个
答案不止一个
答案不止一个

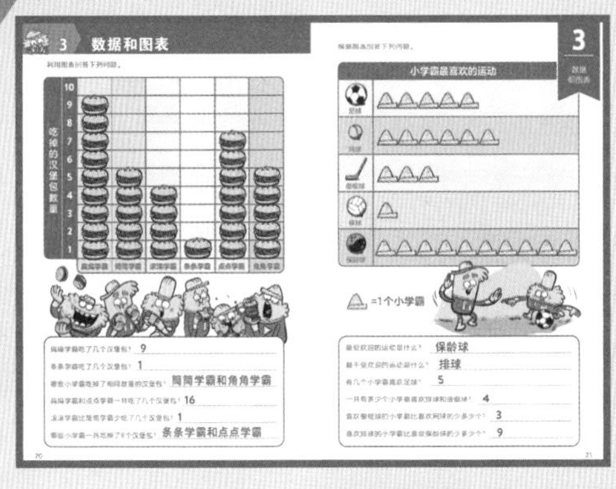
3 数据和图表
小学霸最喜欢的运动
=1个小学霸
9
1
周同学霸和角角学霸
16
1
条条学霸和点点学霸
保龄球
排球
5
4
3
9

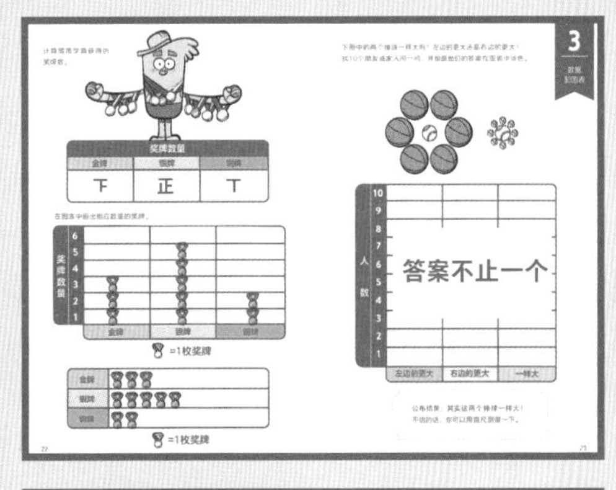
3
奖牌数量
金牌
银牌
铜牌
=1枚奖牌
答案不止一个
左边的更大
右边的更大
一样大

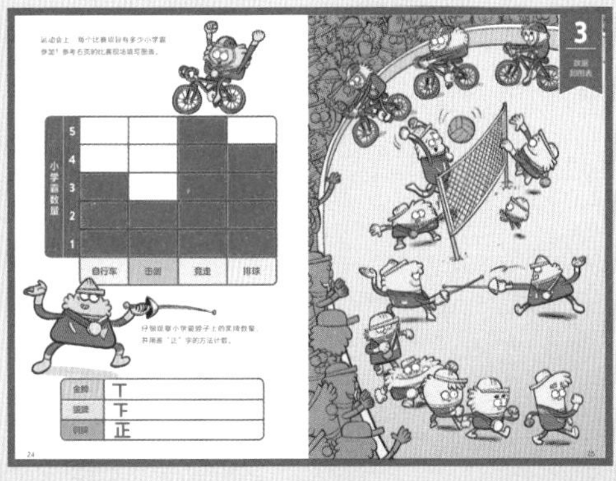
3
小学霸数量
自行车
击剑
竞走
排球
金牌
银牌
铜牌

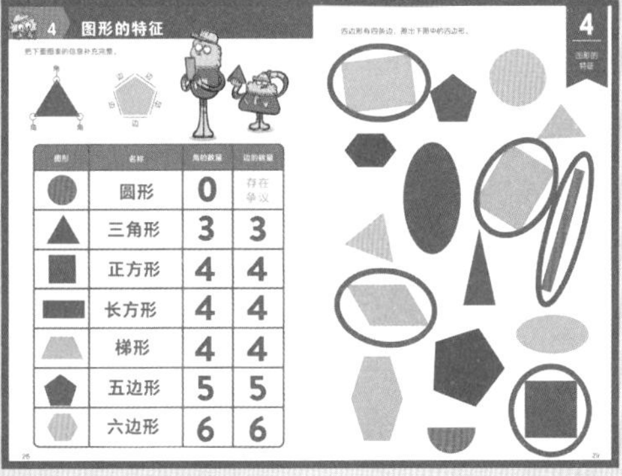
4 图形的特征
圆形 0 存在争议
三角形 3 3
正方形 4 4
长方形 4 4
梯形 4 4
五边形 5 5
六边形 6 6

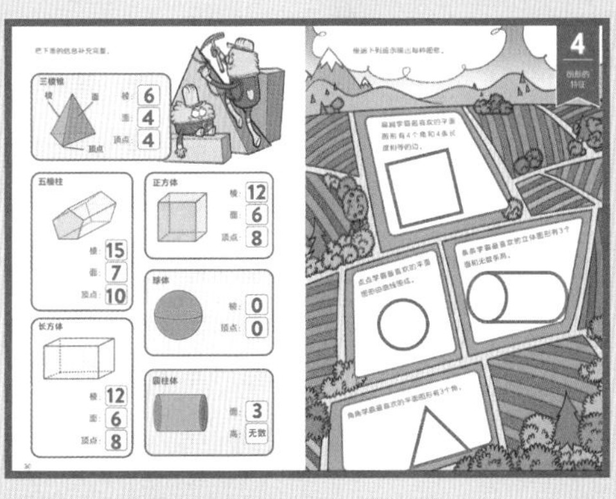
4
三棱锥 6 4 4
五棱柱 15 7 10
正方体 12 6 8
球体 0 0
长方体 12 6 8
圆柱体 3 无数

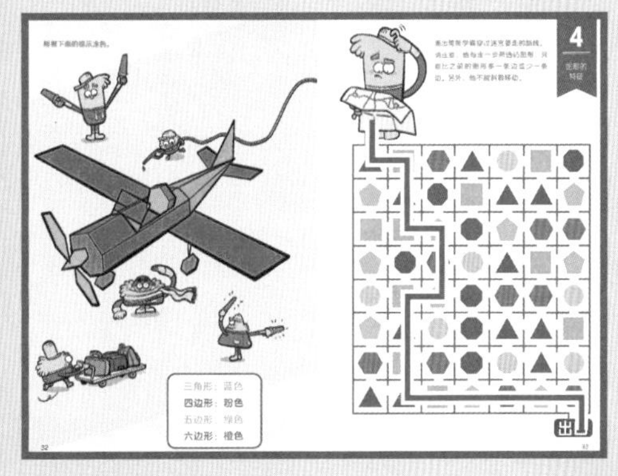
4
三角形：蓝色
四边形：粉色
五边形：绿色
六边形：橙色
出

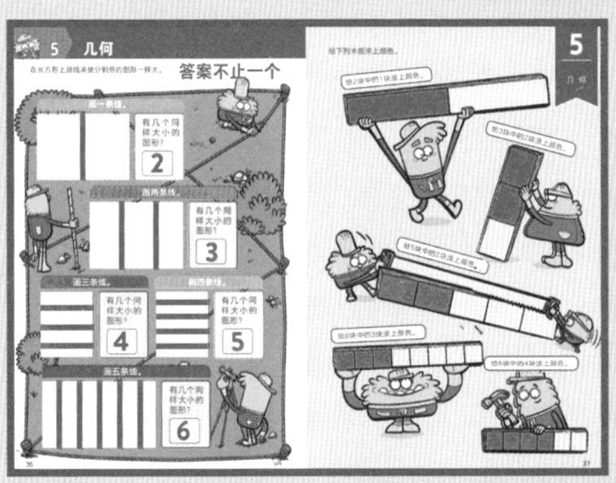
5 几何
答案不止一个
2
3
4
5
6

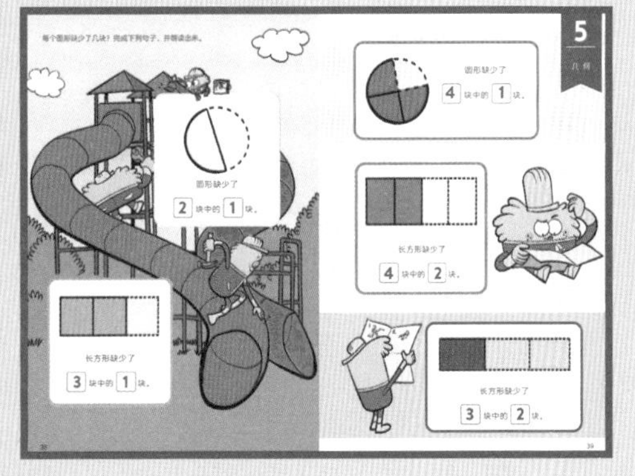
5
圆形缺少了
4 块中的 1 块。
2 块中的 1 块。
长方形缺少了
4 块中的 2 块。
3 块中的 1 块。
3 块中的 2 块。

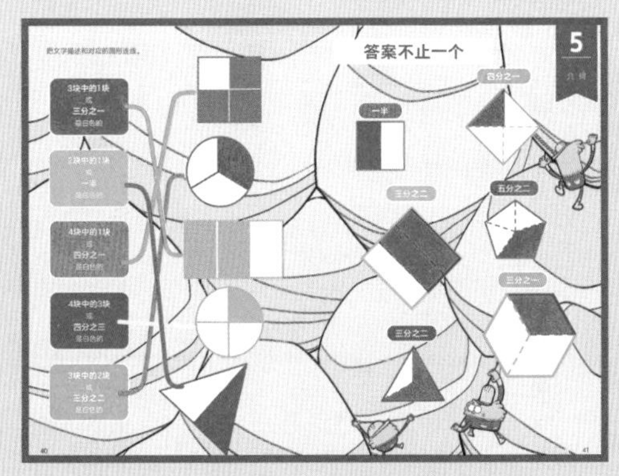
5
答案不止一个
一半
四分之一
三分之二
五分之二
三分之一